STEFAN KREIBOHM

Kreibohms Wetter!

Sonne, Regen – und die Kunst der Vorhersage

HINSTORFF

Regenbogen eines abziehenden Schauers. Die Sonne, im Rücken des Fotografen, bescheint den Regen. Je höher sie steht, desto flacher ist der Bogen.

Inhalt

Prächtige Schauerwolke. Die Form erinnert an einen Amboss beim Schmied. Der obere, faserige Teil der Wolke besteht aus Eis und endet abrupt an der Atmosphärenschicht, wo es plötzlich nicht mehr kälter wird. Bis hier – in Norddeutschland spätestens nach 12 bis 13 Kilometern – kann die Luft aufsteigen.

Das Wetter: Es gibt kaum ein Thema, bei dem so viele meinen, mitreden zu können. Gut, die Politik könnte man noch hinzuzählen oder den Fußball, aber sonst? Im Gegensatz zur Politik ist Wetter nicht direkt veränderbar, wir müssen es hinnehmen, so wie es ist, ganz einfach. Jeder erlebt es in seinem persönlichen Alltag, jeder urteilt beziehungsweise beurteilt es, und – nun kommt eine besondere Eigenart – jeder empfindet es anders. Dem einen ist es zu warm, dem anderen zu kalt, dieser wartet auf Regen, damit in seinem Garten oder auf seinem Feld alles gut gedeihe, jener bangt um eine Freiluftveranstaltung. „Allen Menschen recht getan, ist eine Kunst, die niemand kann", so lautet das dazu passende Sprichwort. Es wird gejammert und gejubelt. Selten sind die, denen das Wetter völlig egal ist. Auch hier kann man durchaus eine Parallele zur Politik ziehen, und vielleicht haben deshalb Politiker und Meteorologen einen so schweren Stand. Wie soll man etwas vermitteln, was a) manchmal sehr kompliziert ist und von dem b) jeder etwas anderes erwartet, weil sich c) jeder etwas anderes wünscht. Von den Fällen, bei denen man selbst als Meteorologe eigentlich gar nicht mehr weiß, wie es denn wird, will ich an dieser Stelle noch nicht anfangen, sie dürften in diesem Buch gewiss immer wieder thematisiert werden. Denn Wetter ist, daran hat sich auch im 21. Jahrhundert nichts geändert, nicht in allen Details vorhersagbar.

Diese Tatsache steht zuweilen im starken Widerspruch zu dem, was man von einer Wettervorhersage erwartet: Sie soll stimmen. Jedem Meteorologen, der mit Herzblut bei der Sache ist, wird dies das höchste Bedürfnis sein.

Aber wie kommt man dazu, Meteorologe zu werden, dazu auch noch jemand, der in Funk und Fernsehen auftritt, der also Stimme und Gesicht für eine Sache hergibt, bei der man in fast jedem Fall damit rechnen kann, entweder missverstanden zu werden oder auch

sich zu irren, um dann dem Spott und Hohn eines großen Teils der Bevölkerung ausgesetzt zu sein? Wie kann jemand so etwas ernsthaft wollen? Muss man dazu nicht verrückt sein?

Man muss! Ich erzähle es jedem Praktikanten und in fast jedem Vortrag: Man muss, um ein wirklich guter Meteorologe zu werden, verrückt sein, im günstigsten Fall von Kindesbeinen an. Von Anfang an derartig geprägt zu sein, hat einen großen Vorteil, es erspart einem das Wundern darüber, dass man es im Laufe des Berufslebens wird. Wenn ich die Stelle eines Meteorologen zu besetzen hätte und mir würde ein Bewerber im Laufe des Vorstellungsgesprächs erzählen, er sei als Kind mal beim Hinaustreten aus dem Haus eine Stufe hinuntergefallen, weil der Blick sofort Richtung Himmel ging, da dort eine tolle Wolke stand, ich würde ihn in die engere Wahl nehmen. Wenn er dann auch noch alle guten Wetterseiten (es gibt leider unglaublich viele schlechte) des Internets kennt: Sehr gut! Wenn er – oder natürlich auch sie – unruhig würde, stünde eine Gewitterlage an, und sich nur vom Angucken aktueller Wetterradarbilder einigermaßen beruhigen ließe: Noch besser! Schließlich lässt sich nur so klären, ob tatsächlich etwas kommt! Und wenn er oder sie feuchte Augen bekäme, sollte das Radar plötzlich die stärksten Gewitter anzeigen (und alles genau „hierher" ziehen): Perfekt!

Sollten Sie jemanden im Schneesturm spazieren gehen oder ihn mitten im Gestöber Schnee schippen sehen, handelt es sich mit großer Wahrscheinlichkeit um einen dieser vom Wetter Besessenen. Sie meinen, es wäre nun wirklich sinnlos, noch während des Schneesturms den Gehsteig zu fegen? Eben nicht! Der Sinn ist es, das Wetter zu erleben, hautnah. Die Flocken zu spüren, das Gewitter zu riechen, den Duft, den Prasselregen verursacht, wenn er auf den dürstenden Rasen fällt, die Blitze zucken zu sehen, das Rauschen des aufbrausenden Windes in den Bäumen zu hören – oder zu beobachten, wie andere Schutz suchen, rasch die Kaffeetafel zusammenräumen, die eben noch im Sonnenlicht stand, um sie dann doch dem Regen zu opfern: Das ist Wetter, und es ist genau dieses Ausgeliefertsein, dieses Hinnehmen-Müssen, wie die Natur es will, genau das ist die Faszination, die von all dem ausgeht.

Heute, in Zeiten des Internets, steht jedem Wetterbegeisterten eine Welt offen, die vor 20 bis 30 Jahren noch undenkbar schien.

Auch wenn am Morgen die Sonne scheint, können sich im Laufe des Tages, so denn genügend Feuchtigkeit aufsteigt, Wolken zu gewaltigen dunklen „Wänden" zusammenballen. Passt die Zugrichtung, steht – wie hier am Kurhaus in Binz – ein kräftiger Schauer bevor.

Als ich Kind war, saß ich wie gebannt vor dem Mittelwellenempfänger, um abends gegen 17:30 Uhr auf Radio DDR 1 das Wettergespräch mit dem Meteorologen aus der Zentralen Wetterdienststelle des Meteorologischen Dienstes zu hören – oder am frühen Morgen gegen 5:23 Uhr, weit vor dem Aufstehen. Wenn dann eine halbe Stunde später der Wecker nochmals klingelte, lief „Medizin nach Noten", um 6:00 Uhr folgten die Nachrichten mit dem Wetterbericht, den kannte ich dann schon und konnte ruhigen Gewissens aufstehen. In den Ferien ergab sich noch eine zusätzliche Möglichkeit, an gute Wettervorhersagen zu gelangen: Morgens um 7:45 Uhr, normalerweise zur Zeit der ersten Unterrichtsstunde, erklang aus dem Radio die tiefe Stimme des unvergleichlichen Meteorologen Dr. Reiner Tiesel aus der Seewetterdienststelle Warnemünde über den Sender Schwerin. Ein Genuss, nun wusste man sogar, wie das Wetter in der Heimatregion wird. Wurden Gewitter angekündigt, dann blieb das Radio einfach den ganzen Tag eingeschaltet, konnte man doch über Mittelwelle die Blitze durch ein verräterisches kurzes Knacken oder Zischen hören.

Heutzutage geht mein Sohn bei Gewitterlage einfach an den Computer, surft durchs Internet, schaut nach, wo genau es gerade blitzt, und entscheidet nach dem Abgleich mit den sich bewegenden Schauerklecksen auf dem Wetterradar oft resignierend: „Das zieht vorbei!" Fällt die Analyse jedoch umgekehrt aus, dann steigt die Spannung wie schon damals vor 30 Jahren am Mittelwellenempfänger. Der Blick in den Himmel ist in jedem Falle noch genauso sehnsuchtsvoll und faszinierend, daran wird sich mutmaßlich auch nichts ändern.

Letzteres durfte ich im Sommerurlaub 2011 feststellen. In unserem Ferienhaus, einsam an einem See südlich von Stockholm gelegen, frei von jeglichen Mobilfunkwellen und damit auch fern des weltumspannenden Internets, hatten wir keine Chance, auf Wetterkarten zu gucken. Es gab keinen Fernseher, nichts – nur die Möglichkeit, anhand der Wolkenarten, Wolkenbewegungen und Windrichtungen zu analysieren, wie die Lage ist und wie sie sich entwickeln könnte. Erinnerungen an alte Wetterkundebücher kamen auf, wurden in die Prognose mit eingebaut, und nach einigen Tagen fuhren wir gar nicht so schlecht damit – von einigen Überraschungen abgesehen.

Niemand, der seriös im täglichen Wettervorhersagebetrieb arbeitet, wird behaupten, stets alles zu wissen. Zu chaotisch ist das ganze System „Wetter". Dies gilt gerade für uns in Europa, vor allem in Mitteleuropa. Hier ist alles möglich.

Schauen wir mal auf die Karte und suchen Mecklenburg-Vorpommern, ziehen dann einen Strich von West nach Ost, so dass der Kontinent in Nord und Süd geteilt wird. Eines wird sofort klar: Deutschlands Nordosten liegt in der Mitte! Auch wenn man es sich beim Blick auf die Ostsee kaum vorstellen kann, weil auf der anderen Seite ja gleich Skandinavien kommt. Es ist von unserer Küste aus bis zum Nordkap ähnlich weit wie bis zur Südspitze von Sizilien (dass die griechischen Inseln noch weiter südlich liegen, lassen wir an dieser Stelle einmal außen vor, sie befinden sich ja auch weiter östlich). Wenn also jemand vom Nordkap aus eine Reise nach Sizilien antritt, den schnellsten und kürzesten Weg über die Ostsee nimmt, also die Fähre von Trelleborg nach Sassnitz, dann kann er auf Rügen „Bergfest" feiern, irgendwo in Höhe Rambin ist die Hälfte geschafft. Nordmeer und Mittelmeer sind genauso weit entfernt. Das eine steht für

Kälte, das andere für Wärme. Wird die Nordmeerluft, angetrieben von einem Hoch oder Tief, zu uns geführt, dann hat sie den gleich weiten Weg wie die Luft vom Mittelmeer.

Ein ähnliches Phänomen ist festzustellen, wenn wir den Kontinent in Ost und West teilen. Zögen wir eine – zugegeben: leicht geschwungene – Linie vom Nordkap nach Sizilien über den Osten Deutschlands, würden wir bemerken, dass der Atlantik genauso weit von Mecklenburg-Vorpommern entfernt ist wie es die beginnenden Weiten Russlands sind. Ergo hat die Luft vom Atlantik zu uns die gleich lange Strecke zurückzulegen wie die aus Russland. Die Luftmassen aus dem Osten mit seinem Kontinentalklima sind trocken, die aus dem Westen mit seinem maritimen Klima feucht.

Fazit: Mecklenburg-Vorpommern liegt innerhalb Europas in einer Region, in der man alle Luftmassen, die der Kontinent oder die umliegenden Meere zu bieten haben, irgendwann im Laufe eines Jahres begrüßen kann, weil sie den gleich weiten Weg haben. Der Spanier dürfte hingegen lange auf die Kälte Lapplands warten, auf dem theoretisch möglichen Weg von fast 4 000 Kilometern wird diese irgendwann abbiegen oder der Zustrom verpufft lustlos auf halber Strecke.

Entscheidend hierbei ist die Großwetterlage über dem Atlantik vor Europa sowie die auf dem Kontinent selbst. Es gibt ausgesprochen seltene Wetterlagen und solche, die immer wieder vorkommen, unser Wettergeschehen dominieren.

Da wäre die gute alte Westlage zu nennen: Wolken mit und ohne Regen ziehen gepflegt von West nach Ost über Mitteleuropa hinweg, der Klassiker norddeutschen Wetterschaffens. An der Nordsee regnet es schon, an der Ostsee sonnt man sich noch, am längsten auf Usedom, weil dort alles erst ganz zum Schluss ankommt.

Eine weitere Wetterkonstellation mit großer Stabilität ist die Ostlage, wenn es tage-, mitunter wochenlang aus dem Sektor zwischen Nord- und Südost hereinweht. In der Regel ist es dabei trocken, die Luft kommt schließlich vom Kontinent und nicht vom Ozean, im Sommer warm, im Winter kalt.

Reine Nord- wie auch Südlagen sind seltener zu beobachten, sie geben oft nur ein kurzes Gastspiel, markieren in vielen Fällen den Übergang zwischen atlantischem und kontinentalem Einfluss. Gelegentlich herrscht die Lage „Tief Mitteleuropa" vor, ein Desaster für

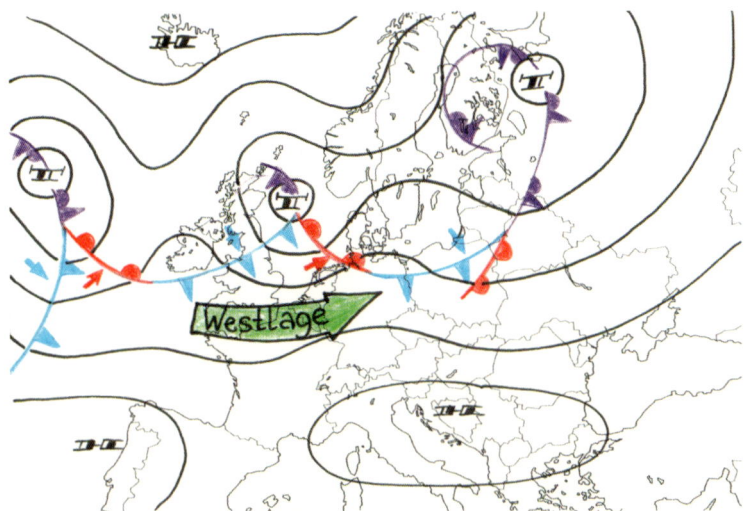

Herrscht eine „Westlage" vor, ziehen die Wolken von West nach Ost.

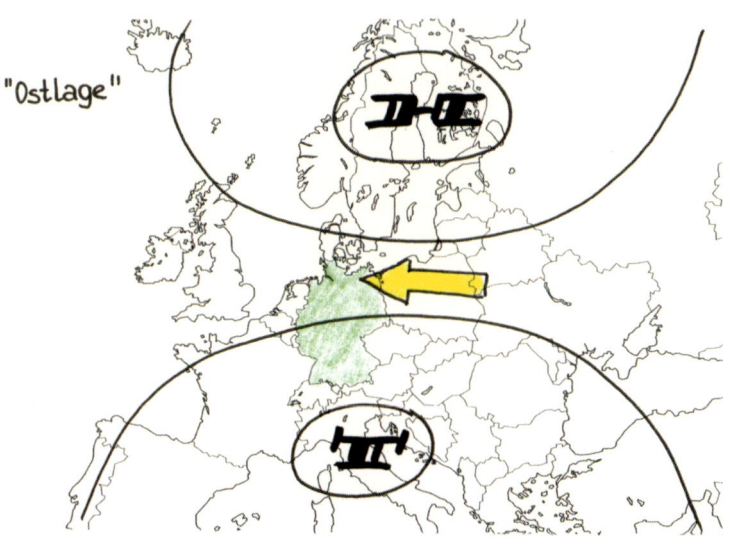

Eher trocken ist die von Osten nach Mitteleuropa wehende Luft bei der „Ostlage".

jeden Meteorologen, denn hier quirlt besagtes Tief ein Gemenge aus Wolken, Schauern, wolkenarmen Gebieten genau über unseren Köpfen durch. Als Showeinlage schiebt ein derartiger Wirbel auch mal mehrere Schauer zusammen, so dass sich ein ausgewachsenes Landregengebiet entwickelt, durchsetzt mit Platzregengüssen, im Sommer auch mit Gewittern. Im Ergebnis des Vermengens der Luft entstehen Wolken- und Regenschlieren, die sich um das Zentrum des Tiefs kringeln, unterbrochen von Streifen ausgesprochen schönen Wetters. Die Frage, die dann in der Prognose Kopfzerbrechen macht, ist: Wo genau wird morgen so eine Regenschliere liegen und wo wird es doch eher freundlich? Dazu müsste man unter anderem die genaue Position des Tiefs wissen; es macht nämlich einen Unterschied, ob es am nächsten Mittag über der Lüneburger Heide liegen wird oder doch über dem Leinebergland.

Auf der Wetterkarte Europas ist dieser Unterschied kaum wahrnehmbar, für über 90 Prozent der Europäer ist er völlig unbedeutend, für die Menschen, die sich in Mecklenburg-Vorpommern aufhalten, hingegen nicht. Da kommt es auf Kilometer an. Jeder Meteorologe im täglichen Routinebetrieb weiß das, und an manchen Tagen weiß er auch, dass er eigentlich nicht oder höchstens ungefähr weiß, was in den kommenden 24 Stunden genau passieren wird. Stellt sich die Frage: Wie sag ich es meinen Hörerinnen und Hörern? Was sage ich im Wettergespräch, was im Fernsehen? „Mein Gott, ich weiß es doch auch nicht!" Das klingt wenig überzeugend und schon gar nicht kompetent. Da hilft nur eines: erklären, hoffen, dass man seine Unsicherheit in Worte kleiden kann, die jeder versteht, es einem gelingt, ein Gefühl dafür zu erzeugen, wie kompliziert die Situation ist. Dies sollte natürlich nicht oft geschehen, aber hin und wieder ruhig anklingen. Nach dem Motto: Ein Meteorologe ist auch nur ein Mensch.

Irren ist menschlich, Fehler oder Unsicherheit einzugestehen, weckt durchaus Sympathie. Einige in der Medienwelt halten ihre Hörer oder Zuschauer für dumm – eine ganz fatale Entwicklung. Ich mache seit über einem Jahrzehnt Vorhersagen. Jene, die da vor den Radios und Fernsehern sitzen, merken genau, wann eine Vorhersage richtig war und wann nicht. Es macht keinen Sinn, über eine falsche Prognose hinwegzugehen, und wenn man auch nur in wenigen Worten auf sie eingeht: „Ich gebe zu, ich hätte nicht gedacht, dass …"

Wetter ist Chaos, und bekanntlich beherrscht dieses nur das Genie. Weil ich keines bin, versuche ich – auch hier, in diesem Buch –, Verständnis zu wecken, einen kleinen Einblick in die wilde Welt des Wetters zu geben und zugleich meine Faszination über das Thema zu vermitteln. Vielleicht gelingt es auf diese Weise, dass noch mehr Menschen im Schneesturm schippen oder bei Gewitter lieber vors Haus treten – natürlich mit dem Respekt vor den Gefahren, die so ein Gewitter birgt: also nicht auf eine Wiese oder unter einen Baum gehen, sondern unter ein Vordach oder besser ins draußen geparkte Auto. Der Anblick sich zusammenballender oder dahinrasender schwarzer Wolken, das Heulen des Windes, begleitet von Blitzezucken und Donnerschlägen, gibt ein Gefühl davon, wie klein der Mensch eigentlich ist. So geerdet zu werden, sich als ein Teil der Natur zu begreifen, kann nur richtig sein. Die Natur ist es, die letztlich bestimmt, wo es langgeht. Aber keine Sorge, ich bin kein Wettermissionar mit erhobenem Zeigefinger.

Die meisten Wetterbegeisterten wollen nur eines: Wetter beobachten, Wetter erleben! Ich hatte in Potsdam einen Meteorologielehrer, Herrn Hoberg, der mit blumigen Worten versuchte, uns 16-jährigen Lehrlingen zum Technischen Assistenten für Meteorologie die Wetterkunde zu erklären. Spannend war es, ihm zuzuhören, und er hatte einen Standardsatz: „Man darf das Staunen nicht verlernen, man sollte viel öfter staunen!"

Recht hatte er. Es ist zum Staunen, wie das Wetter, welches uns tagaus, tagein begleitet, zustande kommt, wie viel Rädchen ineinandergreifen, damit der Vormittag noch nass ist, der Nachmittag aber schön wird. Staunen bedeutet auch, sich zu wundern, sich zu fragen, am besten auch in Frage zu stellen.

Ich möchte hier versuchen, einige der immer wieder auftauchenden Fragen zu beantworten, etwa die, warum das Barometer „Regen/Sturm" zeigt, draußen aber die Sonne scheint. Oder warum es an der Ostseeküste in manchen Wintern viel mehr Schnee gibt als im Binnenland oder an der vorpommerschen Küste viel mehr Sonne als an der Elbe. Bevor ich jedoch mit dem Ursprung allen Wetters, dem Kampf zwischen warm und kalt und dem Bemühen, einen Ausgleich zu schaffen, beginne, werfen wir einen Blick auf die Zusammensetzung der Atmosphäre.

Sonnenaufgang im Hochland von Hiddensee. Eine Quellwolke brodelt in der Atmosphäre. Aufwinde lassen die Wolke unterschiedlich weit aufquellen, die tief stehende Sonne dringt durch die besonders dichten Stellen nicht hindurch. Dort, wo der Dunst nicht durch den Schattenwurf unsichtbar gemacht wird, entstehen helle Streifen – „Sonnenstrahlen".

Wie das Wetter entsteht

Seit unser Planet um die Sonne kreist und eine Atmosphäre gebildet hat, gibt es Wetter. Die der Erde ist hauptsächlich ein Gemisch aus Stickstoff (78 Prozent) und Sauerstoff (21 Prozent). Hinzu kommen noch andere Gase, unter anderem das im Zuge der Klimawandeldiskussion beinahe schon berühmt gewordene Kohlendioxyd. Letzteres füllt zwar nur rund 0,04 Prozent unserer Gashülle aus, zählt aber im Gegensatz zu Sauer- und Stickstoff zu den Treibhausgasen. Unter anderem dieses Gas ist in der Lage, Sonnenstrahlen durchzulassen, hält Wärme jedoch davon ab, in den Weltraum zu entweichen. Die Folge ist der natürliche Treibhauseffekt. Obwohl der Anteil der Treibhausgase weniger als 1 Prozent beträgt, sind sie dennoch für 100 Prozent des Treibhauseffektes verantwortlich.

Die Versorgung der Erde mit Sonnenenergie, die entstehende Wärme und das Halten eines Teils dieser Wärme sind der Motor unseres Wetters. Die Lufthülle brodelt ständig, mittendrin jede Menge Wasserdampf, ein Gas, dessen Anteil in der Atmosphäre stark schwankt und das, wenn man es genau nimmt, kein Bestandteil der Luft ist, sich vielmehr zwischen die Luftmoleküle drängelt.

Die Gase unserer Atmosphäre sind durchsichtig, auch der Wasserdampf ist es. Er ist nicht mit Wolken zu verwechseln, denn die bestehen aus winzigen Wassertropfen beziehungsweise Eiskristallen, der flüssigen oder festen Form des Wasserdampfes. Nur in dieser Form ist er für uns sichtbar, in gasförmigem Zustand unsichtbar. Auch er gilt als Treibhausgas.

Durch die transparente Hülle verschiedener Gase hindurch scheint die Sonne, doch erst an der Erdoberfläche entsteht durch die Umwandlung der Sonnenstrahlen in Infrarotstrahlung Wärme, allerdings nicht überall in gleichen Maßen. Grund hierfür: Die Oberfläche ist unterschiedlich. Da gibt es Gebiete aus Eis, aus Wasser, aus Sand, aus Wiesen, aus Wäldern. Scheint auf diese die Sonne, werden sie sich verschieden stark erwärmen.

Ein diesbezüglich weiterer wichtiger Aspekt ist die geografische Breite, also die Frage, ob die von der Sonne beschienene Region zum Beispiel am Äquator liegt oder nahe der beiden Pole. Je näher wir dem Äquator kommen, umso höher steht am Mittag die Sonne. Am Äquator fallen bei ihrem Höchststand die Strahlen senkrecht auf die Erde, die Sonne steht im Zenit. Der Weg, den ihre Strahlen durch die Lufthülle nehmen, ist entsprechend kurz – kürzer geht es nicht. Die Gase in der Luft haben folglich wenig Möglichkeiten, die Strahlen aufzuhalten oder ihnen einen Teil ihrer Energie zu nehmen. Stellen Sie sich ein vollbesetztes Fußballstadion vor und wie Sie versuchen, von den obersten Rängen direkt zum Spielfeld zu gelangen. Sie werden dafür nicht viel Energie brauchen. Anders sähe es aus, wenn der Weg von der obersten Reihe der Südkurve bis in die untersten Ränge der Nordkurve führte, Sie würden auf sehr viel Widerstand stoßen. Ähnlich ergeht es den Sonnenstrahlen auf dem Weg zum Nord- oder Südpol. Steht die Sonne senkrecht über dem Äquator, fallen in der Arktis (beim Nordpol) und Antarktis (beim Südpol) ihre Strahlen sehr schräg ein – und das kostet Kraft. Folge: Wo die Sonne sehr stark scheint, entsteht viel Wärme, wo sie weniger intensiv strahlt, vermindert sich entsprechend ihre Wirkung. Niemand wird es folglich überraschen, dass es im Jahresdurchschnitt in Äquatornähe wärmer ist als nahe den Polen. So entstehen allein schon durch die geografische Lage Temperaturunterschiede, egal welcher Untergrund vorliegt. Selbst wenn unsere Erde eine einzige Sandfläche wäre, gäbe es diese Temperaturdifferenzen.

Ist es an einem Ort warm und an einem anderen kalt, entsteht Wetter. Wetter ist bei all seiner Kompliziertheit der simple Ausgleich von Temperaturunterschieden, nichts weiter. Diese werden durch die Sonne hervorgerufen: Gäbe es sie nicht, dann hätten wir auch kein Wetter. Selbst der trübste und windigste Regentag hat seine Ursache in ihrer Existenz. Einfach gesagt: Ohne Sonne kein Regen, ein seelenloser Eisklumpen würde durch die Schwärze des Alls rasen, und

Der große Inselblick auf Hiddensee. Wir schauen nach Süden in Richtung Festland, das am Horizont als dunkler Streifen im Dunst zu erkennen ist. Darüber: Quellwolken. Hier steigt Luft auf, bedingt durch die Thermik. Hiddensee ist zu klein für eine solche Wolkenproduktion, so bleibt der Himmel blau.

selbst wenn es auf ihm Leben gäbe, Meteorologen wären in Ermangelung von Wetter sehr wahrscheinlich nicht dabei.

Zurück zur Beschaffenheit des Untergrundes und seiner Rolle beim Entstehen von Temperaturdifferenzen. Der Einfachheit halber beschränken wir uns zunächst auf einen grundsätzlichen Unterschied: Land oder Wasser. Treffen die Sonnenstrahlen nach ihrem Weg durch die Luft auf Land, dann spüren sie den ersten richtigen Widerstand seit dem Verlassen der Sonnenoberfläche, das 8 Minuten vorher passiert ist. Das ständige Bestrahlen des Erdbodens führt dazu, dass sich dieser erwärmt. Wobei die Erwärmung, die wir auf unseren Thermometern ablesen können, nicht direkt durch die Sonne geschieht, sondern durch die Abgabe der Wärme des Bodens an die darüberliegende Luft. Es funktioniert wie bei einer Fußbodenheizung: Boden wird warm, Luft darüber auch. Die tägliche Erwärmung der Luft beginnt also stets am Erdboden.

Wasser hingegen ist der Luft nicht unähnlich, setzt es doch dem Sonnenstrahl wenig Widerstand entgegen, ist fast durchsichtig. Durch das Wasser scheint die Sonne zunächst einfach hindurch beziehungsweise in es hinein, ohne dass es sich dabei schnell oder großartig erwärmt. Das hat Konsequenzen für die über dem Wasser liegende oder wehende Luft: An sie wird tagsüber selbst bei heiterer Wetterlage nicht mehr Wärme abgegeben als bei Nacht.

Man stelle sich nun ein Thermometer an Land vor und eines auf einer Messboje draußen auf dem Meer. Welchen Verlauf der Lufttemperatur haben wir an einem sonnigen Tag zu erwarten? An Land werden die Gradzahlen im Laufe des Vormittags ansteigen, am Nachmittag ihren Höhepunkt erreichen und dann langsam wieder zurückgehen. Über dem Meer hingegen wird man am Nachmittag kaum eine Erwärmung feststellen, auf jeden Fall eine deutlich geringere. Das hat zur Folge, dass es tagsüber für einige Stunden große Temperaturunterschiede zwischen der Luft über dem Meer und der über Land gibt. Eine Temperaturdifferenz entsteht, und das hat Konsequenzen.

Entstehung von Seewind

Stellen wir uns vor, wir liegen am Strand des Festlandes oder an dem einer Insel, doch sollte die recht groß sein – Hiddensee wäre zu klein, Rügen böte sich hingegen an. Warum die Inselgröße eine Rolle spielt, wird gleich deutlich werden. Stellen wir uns weiter vor, es ist ein sonniger Tag. Natürlich haben wir alle ein Thermometer mit an den Strand genommen und einen kleinen Notizblock. Das Thermometer hängen wir irgendwo in den Schatten, denn die Lufttemperatur wird, will man sie ermitteln, immer im Schatten gemessen. Schiene Sonne direkt auf das Thermometer, würde das Gerät die eigene Temperatur messen, erwärmen doch die Strahlen gerade das, was ihnen in den Weg kommt, im Notfall das Glasröhrchen eines Flüssigkeitsthermometers oder das Plastikgehäuse der Modelle „Baumarkt" oder „Grabbeltisch". Selbst das genaueste Gerät nützt nichts, wenn die Messbedingungen, sprich der Standort, nicht stimmen. Heißt: Schatten, im Idealfall belüftet und 2 Meter über dem Grund.

Zurück zum Strand: Hier sähe eine Messung 2 Meter über dem Sand seltsam aus und an wenigen Stellen herrscht in diesen Höhen Schatten. Für unseren Versuch soll der Schatten des Strandkorbs ausreichend sein. Nun sitzen wir also am Strand, haben die Schlacht am Frühstücksbuffet hinter uns gebracht und die Uhr zeigt 9:00 Uhr. Wir messen vielleicht 21 Grad Celsius und notieren es auf unserem Zettel, alle halbe Stunde wiederholen wir diese Prozedur. Unser Zettel füllt sich, aus 21 werden 22, 23, 24 Grad, gegen 11:00 Uhr sind es unter Umständen schon 28 Grad.

Was macht derweil die Messboje? Das Wasser um sie herum hat 20 Grad, die Luft über ihr auch, und dies seit Stunden.

Man kann die kühlere Seeluft nicht sehen, dennoch ist sie da. Zu spüren ist sie erst dann, wenn der Wind dreht, auflandig wird.

Wir schauen aufs Meer, erblicken das Übliche ... Es ist blau, der Himmel darüber auch, wir sehen nicht, dass die Luft am Strand wärmer ist als über dem Wasser. Doch wir werden den Temperaturunterschied bald zu spüren bekommen! Urplötzlich weicht die bisher herrschende Windstille einer leichten Seebrise. Beim nächsten Blick aufs Thermometer bestätigt sich unser Gefühl: Es ist kühler geworden, es zeigt „nur" noch 26, eine halbe Stunde später gar 23 Grad. Die Sonne scheint weiter, hinter uns über dem Land entstehen aber nun die ersten kleinen Quellwolken (warum dies geschieht, erläutere ich später). Sie wachsen so weit an, dass sie uns Schatten bringen, wenn sich das Land in südlicher oder südwestlicher Richtung befindet, dort, wo mittags und nachmittags die Sonne steht. Was ist passiert? Wieso wird es plötzlich kühler?

Grund hierfür ist, dass warme Luft leichter ist als kalte und dass sich warme Luft – wie alle Dinge, die man erwärmt – ausdehnt. So wird sie sich im Laufe des Vormittags über dem erwärmten Land nach oben aufwölben, über der kühleren See geschieht dies nicht. Nun kommt eine weitere meteorologische Größe ins Spiel: der Luftdruck. Er beträgt im Durchschnitt 1 013 Hektopascal (hPa); vereinfacht ge-

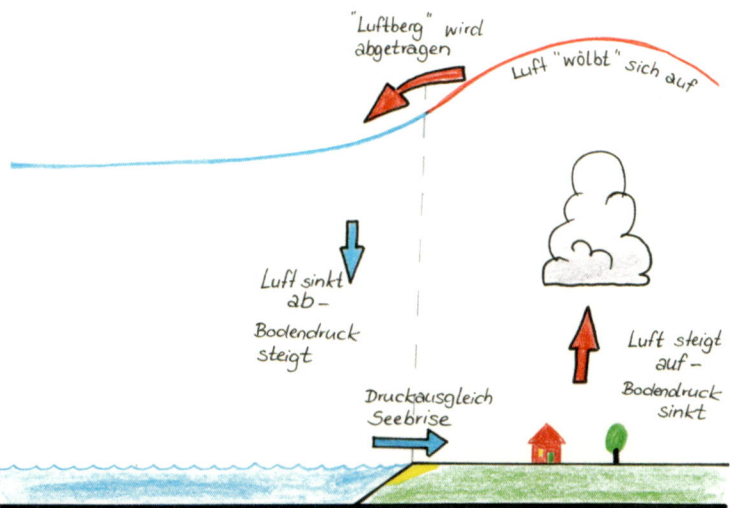

"Luftberg" wird abgetragen

Luft "wölbt" sich auf

Luft sinkt ab – Bodendruck steigt

Luft steigt auf – Bodendruck sinkt

Druckausgleich Seebrise

Der Luftdruck spielt auch für das Wettergeschehen an der Küste eine wichtige Rolle.

sagt ist es so, dass die Natur stets darum bemüht ist, diesen Wert zu erreichen. Ist der Luftdruck an einem Ort niedriger als anderswo, dann liegt dort ein Tief – und die Luft ist bestrebt, dieses „Loch" aufzufüllen. Ist der Druck jedoch höher, dann wird dieser „Berg" auseinanderlaufen wollen, hin zum niedrigeren Druck. Die Luft strömt stets zum tieferen Druck. Die an Land erwärmte Luft wölbt sich also nach oben auf, die über See nicht. In beispielsweise 1 000 Meter Höhe wird sich so über Land ein Luftüberschuss im Vergleich zur entsprechenden Höhe über See aufbauen. Da über Wasser jetzt der Luftdruck niedriger ist, weht nun genau in diese Richtung die Luft. Von den Strandbesuchern völlig unbemerkt setzt sie sich weit über ihren Köpfen in Bewegung. Dies wiederum hat zur Folge, dass über der See plötzlich zur vorhandenen Luft noch weitere hinzukommt. An der Messboje steigt der Luftdruck, denn es lastet nun mehr auf dem Barometer.

Gleichzeitig fehlt nun über Land die aus den größeren Höhen fortgewehte Luft, weshalb der Luftdruck am Boden zu sinken beginnt. Wir haben am Boden nun tieferen Druck als über See, ergo setzt wieder eine Strömung zum tiefen Druck ein, nun aber umgekehrt in Form

Steife Brise. Seewind kann sowohl aus dem Nichts entstehen als auch vorhandenen, auflandigen oder küstenparallelen Wind bei leichter Drehung gen See verstärken.

einer kühlen Brise vom Wasser Richtung Küste. Deshalb ist große Hitze an der Küste selten, starke Temperaturunterschiede werden durch Luftbewegungen nach beschriebenem Muster schnell ausgeglichen.

Verhindern kann dieses Geschehen nur stärkerer Wind vom Land her. Ist dieser sogenannte ablandige Wind kräftiger, als es ein Seewind werden kann, dann hat Letzterer keine Chance: An solchen Tagen ist es am Strand genauso heiß wie im tiefsten Binnenland.

Eine Meeresbrise wird in der Regel kaum kräftiger als Stärke 2. Allerdings ist es nicht selten, dass ein von vornherein vorhandener Wind von See durch die Überhitzung des Binnenlandes noch um zwei Stärken zunimmt oder dass küstenparalleler östlicher Wind im Tagesverlauf auflandig wird und ebenfalls deutlich zulegt. So ist es nicht verwunderlich, wenn an einem warmen Frühlings- oder Sommertag aus mäßigem Ostwind beispielsweise an unserer Ostseeküste starker Nordostwind wird. Je kräftiger der Wind, desto weiter weht er ins Land. Im Frühling, wenn das Wasser der Ostsee noch kalt ist, kann dies außerordentlich unangenehm sein. Die Sonne ist zwar schon stark, aber der Wind noch eisig. Einige Hiddenseer meinen daher: „Ostwind ist immer blöd, egal woher er kommt." Klingt lustig, aber wer schon einmal bei strahlender sowie das Gesicht wärmender Frühlingssonne und Ostwind der Stärke 6 über den Deich geradelt ist, der wird diesen Satz unterschreiben. Nicht selten liegt die Temperatur dann 10 Grad Celsius niedriger als im südlichen Binnenland. Es ist an solchen Tagen interessant, Inselgäste zu beobachten, die mit dem Mittagsschiff aus Stralsund ankommen. Leicht bekleidet mit kurzen Hosen oder Röcken, erfasst sie in der kalten Brise ziemlich deutlich erkennbar ein großes Frösteln – kein Wunder, sind sie doch bei vielleicht 23 Grad aufs Schiff gestiegen und werden nun von 12 bis 13 Grad empfangen.

Auch Segler sollten die Windzunahme keinesfalls unterschätzen, ein Törn bei Ostwind der Stärke 4 mag noch gehen, die nachmittäglichen Nordost 6, Böen 8 sind da schon ruppiger. Dies alles bei strahlendem Sonnenschein, daran ändert sich den ganzen Tag über nichts.

Manchmal genügen auch kleine Landflächen, hier der Norden von Rügen, um Luft zum Aufsteigen zu bewegen. Die Quellwolken „stehen" über Land, die offene See bleibt wolkenfrei.

Sonnige Küste, wolkiges Binnenland

Woher kommen nun aber die Wolken über Land? Das hängt nun wieder mit der Ausdehnung der Luft bei deren Erwärmung und der Tatsache zusammen, dass Wasserdampf kein Bestandteil der Luft ist, sondern sich vielmehr „zwischen der Luft" aufhält. Teilen wir alles in Moleküle ein, dann erkennen wir es deutlich: Zwischen all den Luftmolekülen finden wir die Wassermoleküle, den Wasserdampf. Er ist völlig unsichtbar. Egal, ob Sie dieses Buch gerade draußen oder in einem geschlossenen Raum lesen, zwischen Ihren Augen und diesen Seiten ist Wasserdampf.

Dass es dieses gasförmige Wasser tatsächlich gibt, können Sie leicht überprüfen. Holen Sie irgendetwas aus Ihrem Kühlschrank, das durch und durch Kühlschranktemperatur hat, am besten etwas aus Glas, eine Flasche oder auch ein Marmeladenglas, vielleicht ein kühles Bierchen. Wenn Sie das nun in der Hand halten, wird es nur wenige Sekunden dauern, bis sich überall am kühlen Gegenstand Tropfen bilden, er „beschlägt". Wo kommt die Feuchtigkeit her? Aus der Luft, aus dem Wasserdampf hat sich Wasser gebildet, und der perlt nun von Ihrem Glas ab. Wie schafft es ein schnödes Glas, Wasserdampf in Wasser zu verwandeln? Nun, wir wissen, dass sich Luft bei Erwärmung ausdehnt, folglich ist es leicht vorstellbar, dass sie bei Abkühlung genau das Gegenteil vollzieht. Da sich der Wasserdampf zwischen den Luftmolekülen aufhält und diese in kalter, weniger ausgedehnter Luft näher beieinanderliegen, wird der Raum kleiner, der Dampf zusammengedrängt.

Um dies zu verdeutlichen, stellen wir uns einfach eine große gläserne Kugel vor, ähnlich der bei der Lottoziehung. Sie steht in diesem

Fall für eine bestimmte Menge Luft, eine Luftblase mit zum Beispiel 1 Meter Durchmesser. In unsere Lottokugel packen wir nun eine beliebige Anzahl kleiner Tennisbälle. Zwischen diesen Tennisbällen wird noch Platz sein, diesen füllen wir mit Wasser auf, und zwar etwa halb so viel, wie in die Kugel beziehungsweise die Räume zwischen den Bällen passt. In Relation zur Lottokugelgröße und der Anzahl der Tennisbälle ist Erstere nun zu 50 Prozent mit Wasser gefüllt. Genauso verhält es sich mit der relativen Luftfeuchtigkeit. Sie gibt nicht an, wie viel Wasser genau in der Luft enthalten ist, sondern stellt es in Relation zu dem, was möglich ist. Luft mit einer Temperatur von 20 Grad Celsius hat die Möglichkeit, eine genau festgelegte Menge Wasser(dampf) aufzunehmen. Schöpft sie diese Möglichkeit zur Hälfte aus, beträgt die relative Luftfeuchtigkeit 50 Prozent, nimmt sie alles, was sie bekommen kann, auf, werden 100 Prozent erreicht.

Salopp gesagt ist die Luft gierig nach Wasser, sie gibt erst Ruhe, wenn sie die volle Prozentzahl erreicht hat. So lange dies nicht geschehen ist, nimmt sie, was sie kriegen kann, und packt es zwischen die Luftmoleküle. Der Prozess der permanenten Wasseraufnahme wird durch die Verdunstung gewährleistet. Liegt die relative Luftfeuchtigkeit nicht bei 100 Prozent, wird in die Luft hinein verdunstet, was das Zeug hält; je niedriger die Prozentzahl ist, umso rascher findet die Verdunstung statt, weil dann viel in die Luft hineinpasst. Das ist auch der Grund, warum warme Luft mehr Wasser aufnehmen kann als kalte, Wäsche trocknet im Sommer schneller als im Winter, Straßen und Wege sind im Winter oft tagelang nass, weil die kalte Luft nicht so viel Wasser aufnimmt wie warmer Sommerwind.

Die Erkenntnis, dass warme Luft mehr Wasser speichern kann als kalte, ist wichtig, um das Wettergeschehen begreifen zu können. Sie wird uns immer wieder begegnen, wie ein roter Faden zieht sich die unterschiedliche Speicherkapazität der Luft bei unterschiedlichen Temperaturen durch alles, was wir an Wetter erleben, entscheidet über einen sonnigen oder bewölkten Tag.

Kehren wir nun zurück zur Lottokugel. Sie hat die Wasserspeicherkapazität zu 50 Prozent ausgenutzt. Was würde passieren, wenn wir die Kugel verkleinern könnten? Die Luftmoleküle würden zunächst enger zusammenrücken, der Platz zwischen ihnen würde geringer werden, dem Wasser stünde nun weniger Raum zur Verfügung. Irgendwann wären die freien Räume zu 75, zu 85, zu 95 Prozent mit Wasser(dampf) gefüllt. Bis schließlich bei weiterer Verkleinerung ein Punkt erreicht wäre, bei dem alles so eng beieinanderläge, dass nun auch alle Zwischenräume mit Wasser gefüllt wären, keines mehr aufgenommen werden könnte.

Trotzdem verkleinern wir die Kugel weiter, dem Wasser wird es zu eng, es tritt aus – Fluchtlöcher haben wir vorher hineingebohrt. Es ist so, als würden Sie ihre ganze Verwandtschaft ins Wohnzimmer einladen und – wenn es dann noch nicht voll wäre – auch noch die Nachbarn, die halbe Straße usw. Irgendwann würde der Punkt kommen, an dem der erste Gast sagte: Ich habe keinen Platz mehr, ich will hier raus! So macht es das Wasser in der Kugel, und so macht es das Wasser in einer beliebig großen Luftblase auch.

Was aber könnte eine Luftblase verkleinern? Das Aufsteigen! Wir wissen, dass warme Luft leichter ist als kalte. Wird Luft erwärmt, beginnt sie aufzusteigen. Es entstehen zahlreiche Warmluftblasen über

Das Prinzip der Thermik, das Aufsteigen warmer Luft, nutzt man im Heißluftballon. Auch er fährt nur deshalb nach oben, weil die Luft in ihm wärmer ist als außerhalb der Hülle. Ähnlich steigen auch Warmluftblasen auf, wenn sich der Untergrund stark genug aufgeheizt hat.

dem Erdboden, sie lösen sich von diesem und steigen in die Höhe. Im Heißluftballon nutzt man dieses Prinzip aus, indem man die Luft in der Hülle erhitzt, bis sie wärmer ist als die um den Ballon herum. Ab diesem Moment beginnt das Gefährt zu steigen, und es wird so lange Höhe gewinnen, bis sich die Luftmassen innerhalb und außerhalb der Hülle angleichen. Warum? Weil in warmer Luft die Luftmoleküle weiter auseinander liegen als in kalter, ein Unterschied, den man beim Messen des Luftdrucks feststellen wird.

Der Luftdruck nimmt mit der Höhe ab, alle 8 Meter ungefähr um 1 Hektopascal. Diese Abnahme ist aber nicht immer gleich, in warmer Luft nimmt der Luftdruck nach oben langsamer ab als in kalter, denn Letztere ist schwerer und „haftet" mehr am Erdboden. Die Luft im Ballon ist warm, auf den wenigen Metern von der Unterseite des Ballons bis zu seiner oberen Wölbung nimmt der Luftdruck also weniger schnell ab als auf der gleichen Strecke neben der Hülle. Würde man in der Ballonspitze den Luftdruck messen, so wäre er höher als auf gleichem Niveau neben dem Gefährt. Es herrscht also ein leichter Überdruck, und dieser hebt den Heißluftballon nach oben.

Ähnlich ist es in einer steigenden Warmluftblase. Sie bewegt sich nach oben, so lange sie wärmer ist als die Umgebungsluft. Hat sie die gleiche Temperatur angenommen, steigt sie nicht weiter auf. Auf dem Weg nach oben kühlt sich die Luft ab. Unsere Warmluftblase zieht sich daher zusammen, die Luftmoleküle rücken einander näher, dem Wasser(dampf) wird es zu eng, er ergreift die Flucht, will aus der Luft heraustreten. Behilflich dabei sind kleine Schwebteilchen wie Staub, Pollen o.ä., etwas, woran man sich festhalten kann. In diesem Moment wird das Wasser sichtbar, in Form winziger Tröpfchen. Diese sogenannte Kondensation sorgt auch für das Beschlagen des kühlschrankkalten Glases, denn dieses kühlt die um es herumstreichende Luft unmittelbar an seiner Oberfläche so stark ab, dass der Wasserdampf kondensiert, das Wasser am Glas Halt sucht. Egal, ob es sich um das Beschlagen der Brille handelt, wenn man im Winter von draußen in einen beheizten Raum tritt, oder um das des Spiegels im Bad, nachdem man heiß geduscht hat.

Wenn Luft abgekühlt wird, kann es passieren, dass der Punkt erreicht wird, an dem das in ihr enthaltene Wasser auskondensiert. Die Temperatur, bei der dieser Prozess vollzogen wird, nennt man Tau-

Bodennebel. Der Wiesengrund ist deshalb so kühl, weil sich hier kalte Luft zuerst sammelt. Sie ist schwer und fließt daher in die Niederungen. Ist die Luft zudem feucht, kann sie den in sich tragenden Wasserdampf nicht mehr halten und er kondensiert aus. Die Nebelschlieren können langsam zusammenwachsen, es nebelt ein. Der Fachmann spricht ab einer horizontalen Sichtweite von weniger als 1 000 Metern von Nebel.

punkttemperatur – oder kurz: den Taupunkt. Kennt man ihn, dann weiß man, bis wohin man Luft abkühlen muss, damit der Wasserdampf kondensiert. Liegt er bei beispielsweise 10 Grad Celsius und wir haben eine Lufttemperatur von 20 Grad, dann wird die Luft, wenn man sie abkühlt und sie 10 Grad erreicht, ab diesem Moment eine relative Luftfeuchtigkeit von 100 Prozent erzielen; kühlt man sie weiter ab, kondensiert der Wasserdampf und es bildet sich Nebel oder eben – wie der Name schon sagt – Tau. Wir kennen dies aus klaren Nächten.

Geschieht dies über der Ostsee, spricht man von Seenebel. Doch dieser entsteht nicht unbedingt in klaren Nächten, es sei denn, Nebel treibt von Land aufs Meer und verharrt dort. Er entwickelt sich, wie der Name schon vermuten lässt, in erster Linie über der See. Dies vor allem im Winter und Frühjahr, gelegentlich aber auch bis in den Sommer hinein. Dass es ihn im Herbst so gut wie gar nicht auf der Ostsee gibt, liegt daran, dass dann das Wasser noch wärmer ist als das Land ringsherum. Für den Seenebel benötigen wir aber eine gegenteilige Situation: warmes Land und kaltes Wasser.

Wir haben gelernt, dass warme Luft mehr Wasser aufnehmen kann als kalte. Strömt nun an Land erwärmte Luft aufs kalte Wasser, wird sie dort schlagartig abgekühlt, der in ihr enthaltene Wasserdampf kondensiert aus, Nebel entsteht – dies oft schon wenige Seemeilen von der Küste entfernt. Je feuchter die Luft ist, desto größer ist die Wahrscheinlichkeit für rasche Nebelbildung auf See. Schauer sind zum Beispiel solche Feuchtespender. Daher kann sich nach einem sommerlichen Gewitter an der Küste schnell Nebel ausbreiten, wenn das Wasser kalt genug ist und beim Abkühlen der Taupunkt erreicht wird. Im Frühjahr vollzieht sich dieser Prozess noch rascher, denn das Wasser ist noch kälter, die Luft aber oft schon warm genug, so dass es große Temperaturunterschiede gibt.

Ist der Nebel erst einmal entstanden, treibt er mit dem Wind unter bestimmten Umständen über die gesamte Ostsee, denn zum Auflösen bedarf es Wärme von unten, die es aber über kaltem Wasser nicht gibt. Diese Nebelfelder können überfallartig über Segler und Menschen am Strand kommen. Sie sind zudem ausgesprochen kalt, nehmen sie doch die Temperatur des Wassers an, über das sie streichen. Folglich kann die Temperatur beispielsweise nach einem sonnigen Vormittag am Strand in wenigen Minuten von 22 auf 8 Grad Celsius sinken.

Zuweilen ist die Seenebelschicht so dünn, ist in der Vertikalen nicht sehr mächtig, dass man die Sonne noch scheinen sieht, die horizontale Sicht aber weniger als 100 Meter beträgt. Eine dünne, neblige Kaltluftschicht mit tiefgreifender Wirkung: Die Strände leeren sich rasch, Erholung Suchende treten den Heimweg an oder warten fröstelnd im Strandkorb ab, dass der Nebel sich verzieht. Segler können zuweilen sogar um ihr Leben bangen, man will besser nicht an der viel befahrenen Kadetrinne vor dem Darß von so einem Ereignis betroffen sein, wo oft haushohe Schiffe den Weg kreuzen und

Seenebel. Er streicht lautlos über das kalte Wasser und kommt für jeden auf See oder an der Küste überfallartig. Die Bilder entstanden im Abstand von weniger als 5 Minuten. Vom Wind getrieben überzieht eine in der Vertikalen nur wenige Dutzend Meter dicke Nebelschicht alles, was ihr in die Quere kommt. Die Sicht geht schlagartig zurück, es kühlt rasch ab. Der Nebel kann nicht wärmer sein als das Wasser, über dem er entstanden ist.

Der Leuchtturm von Hiddensee kann unter Umständen vom Seenebel verschont bleiben, nämlich dann, wenn die Nebel-Obergrenze unterhalb des Hochlandniveaus liegt.

Doch meist kommt das Grau das Kliff heraufgekrochen und hüllt auch das Wahrzeichen der Insel ein.

deren Kapitäne gleichfalls wenig sehen, wenn sie aus dem Fenster schauen.

Seenebel lässt sich schwer vorhersagen. Es gibt vorher Hinweise, es gibt auch Berechnungen, doch die halten selten der Realität stand. So manches Mal entpuppt er sich zudem als zäher Bursche und vermiest den Urlaubern einen Strandtag, obwohl die sonstige Wetterlage eigentlich eitel Sonnenschein versprechen würde.

Doch zurück zur Abkühlung von Luft durch Aufsteigen: Die Luft in unserer Warmluftblase würde irgendwann auch den Taupunkt erreichen, grob gesagt kühlt sie sich pro 100 Meter um 1 Grad ab, in unserem Beispiel wäre der Wert also nach 1 000 Metern erreicht. Ab da kondensiert das Wasser aus, entstünde ein feiner Nebel aus sehr kleinen Wassertröpfchen, sprich: eine Wolke. Überall dort, wo Luft dazu gezwungen wird, aufzusteigen, bilden sich bei entsprechender Luftfeuchtigkeit Wolken.

Eine Möglichkeit, Luft zum Aufsteigen zu bewegen, ist die Erwärmung von unten, also zum Beispiel im Hinterland unserer Strände. Hier werden sich schließlich Quellwolken bilden, über dem kalten Wasser hingegen, wo keine Thermik herrscht, nicht. Dies bedeutet auch, dass die Ostsee als vergleichsweise kaltes Meer relativ häufig von der Sonne beschienen wird. Davon profitieren natürlich auch ihre Anrainer, in erster Linie natürlich die Inseln. Bornholm gilt unter den Dänen als Sonneninsel. Nicht umsonst verbringt die schwedische Königsfamilie ihren Urlaub vor allem auf Öland. Auch Gotland wirbt mit Sonnenschein, von dem es dort mehr gibt als anderswo, vor allem in den langen Tagen um Mittsommer. Gut kommt auch die Küste des Festlandes weg. In den Inga-Lindström-Verfilmungen flimmern neben der eigentlich nebensächlichen und reichlich verkitschten Handlung Aufnahmen einer zauberhaften, von der Sonne geküssten schwedischen Landschaft über den Bildschirm. Dreharbeiten kosten Geld, und man wird bei Filmen dieser Kategorie immer dort hingehen, wo man oft schönes Wetter hat; im kleinen und idyllischen Küstenort Nyköping findet man die Voraussetzungen dafür. All diese unterschiedlichen Landschaften verbindet nicht nur die Ostsee, sondern auch, dass man hier in vielen Jahren über 2 000 Sonnenstunden erleben kann. Und diese Zone zieht sich bis zur deutschen Ostseeküste. Die Ostsee mag manchem zu kalt sein, aber sie verhindert so gerade an den langen Tagen des späten Frühjahrs und des Frühsommers das Steigen von Luft mit all seinen Folgen.

Luft kann man aber auch ganz ohne Wärme zum Aufsteigen bringen, indem ihr einfach kein Ausweg gelassen wird, sie – in die Enge getrieben – nach oben ausweichen muss. Industrieanlagen können ein derartiges Phänomen hervorrufen, vor allem solche, die viel Abwärme produzieren, zum Beispiel Kraftwerke mit ihren gigantischen Kühltürmen. Was dort aus den breiten Schloten aufsteigt, ist in der Regel Wasserdampf. Er zieht in die Höhe, weil gleichzeitig auch warme, leichte Luft in die Umgebung entlassen wird. Die meiste Zeit des Jahres verdunstet der Wasserdampf, seine Fahne verfliegt scheinbar im Nichts. Ist die Luft jedoch besonders feucht, kann unter Umständen eine eigenständige Wolke entstehen. In besonderen Fällen ist so ein Industriekomplex sogar in der Lage, eine in Bodennähe lagernde Nebel- oder Hochnebeldecke anzuheben. Sättigung der Luft durch die Kühlturmfeuchtigkeit und starke Temperaturdifferenzen zwischen der Abwärme und der Umgebung können vor allem im Winter zum sogenannten Industrieschnee führen. Bei Frost ist dieser Prozess am besten zu beobachten, fällt die Feuchtigkeit in Milliarden Eisplättchen vom Himmel. Fachlich korrekt wäre hier die Bezeichnung „Schneegriesel".

Wichtiger für das Wettergeschehen ist jedoch eine andere Möglichkeit, Luft anzuheben: Man darf ihr keine Chance geben, weiter in horizontaler Richtung zu wehen. Ein Deich reicht nicht aus, ein Haus auch nicht, aber ein Berg oder gleich mehrere ergeben schon ein großes Hindernis. Trifft strömende Luft auf eine solche Barriere, dann versucht sie, diese zu überströmen. Wird ihr diese Gelegenheit jedoch genommen – etwa an einem Gebirgskamm, bei dem die Gipfel eng beieinanderliegen –, so muss sie einen Weg um das Hindernis herum wählen. Kammgebirge gibt es viele: das Erzgebirge, das Thüringische Schiefergebirge, die Alpen. Über Umwege haben sie auch Einfluss auf das nordostdeutsche Wetter, aber keine andere Bergwelt greift derart deutlich in unser unmittelbares Wettergeschehen ein wie das Skandinavische Gebirge, das zu großen Teilen in Norwegen liegt.

Die Bezeichnung „tiefblau" kommt gewiss nicht aus der Meteorologie, dennoch kann ein Tief blauen Himmel hervorrufen – wie hier am Kap Arkona auf Rügen. Es kommt darauf an, woher es die Luft holt, die es gerade zu uns führt.

Norweger nehmen uns die Wolken weg

Das teilweise über 2 000 Meter hohe Skandinavische Gebirge bildet eine deutliche Barriere für alle Winde, die vom Nordatlantik in Richtung Nordeuropa wehen oder vom Nordmeer nach Mitteleuropa. Selbst wenn bis zum Auftreffen der Luftmassen auf das Felsmassiv noch keine Wolken zu sehen sind – sie werden sich in den meisten Fällen bilden; Feuchtigkeit ist in der Regel genug vorhanden, schließlich war die Luft lange über dem Meer unterwegs, und da sie gezwungen ist aufzusteigen und sich dabei abkühlt, kondensiert der Wasserdampf. Wolken entstehen und bescheren so der Luvseite, der dem Wind zugewandten Seite des Gebirges, einen trüben Tag. Oft wird die Luft dermaßen ausgequetscht, dass die Feuchtigkeit in Form von Nieseln oder Regen einen Ausweg sucht. Zieht ein Regengebiet an die Berge, dann wird sich der Niederschlag im Stau noch verstärken.

Die Berge Norwegens liegen genau in der Zugbahn atlantischer Tiefdruckgebiete samt ihrer Wetterfronten, vor allem die des südwestlichen Norwegens. So ist es nicht verwunderlich, dass diese Region zu den regenreichsten Europas zählt, die Stadt Bergen als die Regenhauptstadt des Kontinents gilt; rund 2 500 Liter fallen hier jährlich auf jeden Quadratmeter, an den Hängen der Fjorde kann in sehr nassen Jahren gar die doppelte Menge registriert werden. Eine Wassersäule von sage und schreibe über 5 Metern entstünde, würde man den Niederschlag in einem 1 x 1 Meter großen Behälter auffangen und am Verdunsten hindern – der halbe bis dreiviertel Meter, der an der Ostseeküste Mecklenburg-Vorpommerns zusammenkommt, wirkt dagegen fast niedlich. Eine Einschätzung jedoch, die man relativieren

Der Westnorweger lebt zwar in einer traumhaften Landschaft, allerdings auch in einer regenreichen. Wo an vielen Tagen im Jahr atlantische Fronten von den Bergen aufgehalten werden und lange abregnen, liegt zugleich Europas „Regenhauptstadt": Bergen.

muss, wenn diese Menge in nur wenigen Monaten auftritt – wie im Sommer 2011. Warnemünde musste zwischen dem 1. Juni und dem 31. August 632 Liter pro Quadratmeter über sich ergehen lassen, mehr als sonst in einem ganzen Jahr. Im gleichen Sommer war es allerdings auch in Südnorwegen sehr nass, nach Angaben des norwegischen Wetterdienstes wurden nur einmal seit Beginn der Wetteraufzeichnungen größere Niederschlagsmengen verzeichnet. In Mittelschweden hingegen regnete es nicht annähernd so viel, den westlich gelegenen Bergen sei Dank, in deren Stau sich die atlantischen Luftmassen entweder abregneten oder kleine Tiefs südlich an ihnen vorbeischoben und Dänemark wie auch die deutsche Ostseeküste mit den erwähnten Wassermassen bedachten.

Das Abfangen der feuchten Atlantikluft durch das Skandinavische Gebirge findet natürlich das ganze Jahr über statt, also auch im Winter. Die Höhenlagen des dortigen Berglandes sind außerordentlich schneereich. Wer wirklich einmal viel Schnee sehen möchte, dem sei der Ort

Finse empfohlen. Die Bilder, die man im Internet über eine Webcam abrufen kann, sind faszinierend. Nicht zuletzt durch die oft ergiebigen Schneefälle sind die norwegischen Gletscher entstanden und gehören seit jeher zum Landschaftsbild dieses Teils von Nordeuropa.

Beim Überströmen der Berge geschieht aber noch etwas Wichtiges: Im Lee, der windabgewandten Seite des Gebirges, sinkt der Teil der Luft, der vorher über die Berge wehte, ab. Absinkende Luft bedeutet, dass sich diese erwärmt, sie also immer mehr Wasserdampf aufnehmen kann, je weiter sie nach unten gelangt. Da so viel Wasserdampf jedoch zunächst gar nicht vorhanden ist, vemindert sich die relative Luftfeuchtigkeit, die Luft ist entsprechend wolkenarm oder gar völlig wolkenlos. Je stärker der Wind ist, der über die Berge weht, umso größer ist auch das Wolkenfenster, welches er im Lee entstehen lässt. Das erklärt, warum es beispielsweise vom Raum Oslo bis weit nach Schweden relativ trocken und im Sommer verhältnismäßig sonnig ist, denn die meiste Zeit des Jahres weht Wind aus West oder Südwest. Dreht der Wind über Skandinavien und dem nördlichen Mitteleuropa auf Nordwest, entsteht südöstlich der Berge ein Wolkenfenster mit blauem Himmel und Sonnenschein. Dieses reicht mindestens bis nach Jütland und ins Kattegat, weiter ins schwedische Schonen, an manchen Tagen gar bis nach Deutschland, besonders in die Gebiete nordöstlich der Elbe, und nach Polen.

So profitiert der Nordosten Deutschlands so manches Mal vom Skandinavischen Gebirge, die Berge Norwegens wirken sich bis an die Mecklenburgische Seenplatte, nach Vorpommern und sogar bis

Regen an Norwegens Westküste bewirkt oft Sonne in Dänemark und Deutschlands Nordosten.

nach Berlin und den Spreewald aus. Dies erklärt unter anderem, weshalb es in Deutschland ein Ost-West-Gefälle der jährlichen Sonnenscheindauer gibt. Auf Hiddensee, begünstigt durch die Lage in der See, scheint die Sonne im Jahr etwa 2 100 Stunden, bei meinen Kollegen im Wetterstudio Bochum 1 500 Stunden. Der Ruhrpottler nimmt das allerdings gelassen hin und freut sich als Urlauber an Norddeutschlands Stränden einfach darüber, dass er nicht bis ins Ausland fahren muss, um Sonne zu tanken.

Das ganz große Wettergeschehen

All diese verschiedenen Wetterlagen sind eingebunden in das ganz große, also weltumspannende Wettergeschehen. Wenn es irgendwo auf der Erde eine Globalisierung gab, dann – seit der erste Sonnenstrahl unseren Planeten erwärmte – beim Wetter. Es kennt keine nationalen oder politischen Grenzen, es kennt nur natürliche Hindernisse – wir haben dies am Beispiel des Skandinavischen Gebirges bereits kennen gelernt. Solche Beispiele gäbe es noch sehr, sehr viele. Sie alle aufzuführen, würde zum einen den Rahmen dieses Buches sprengen, zum anderen kenne ich mit Sicherheit nicht alle – zu vielfältig ist die Oberflächengestalt unserer Erde. Deshalb beschränke ich mich auf die für Mitteleuropa wichtigen, wie zum Beispiel die Rocky Mountains, das riesige, sich von Nord nach Süd erstreckende „Felsengebirge" Nordamerikas, und auch auf Grönlands Eismassen, die immerhin bis über 3000 Meter hoch in die Atmosphäre ragen. Sie bestimmen mit darüber, ob wir es „schön" oder „ungemütlich" haben.

Um zu verstehen, was die Berge Nordamerikas oder das grönländische Eis für uns an Bedeutung haben, müssen wir den ganzen Globus betrachten, genauer gesagt die Luftdruckverteilung. Auf jeden Quadratzentimeter der Erdoberfläche lastet die tonnenschwere Lufthülle und übt einen Druck aus. Dieser Luftdruck liegt im Mittel bei etwa 1013 Hektopascal oder nach alter, mittlerweile offiziell überholter Bezeichnung bei etwa 1013 Millibar (mbar).

Der mittlere Luftdruck verrät auch, ob wir uns in einem Hoch oder in einem Tief befinden, zumindest ganz grob. Hier ist aber zu beachten, dass immer (!) der Luftdruck gemeint ist, der herrschen würde, säßen wir am Strand, also befänden wir uns auf Meereshöhe. „Wie unpraktisch!", könnten Sie jetzt ausrufen und vielleicht anmerken, dass es für Sie zwar nett und angenehm wäre, Ihr Heim direkt am Strand von Nord- oder Ostsee zu haben, Sie aber leider nicht über den nötigen Geldbeutel verfügten. So bedauerlich das auch sein mag, hier muss ich hart bleiben.

Der Luftdruck besitzt nämlich die Eigenschaft, dass er von der Meereshöhe ausgehend pro Höhenmeter um 0,125 Hektopascal abnimmt, alle 8 Meter oder anders gesagt bei einem durchschnittlich großen eingeschossigen Eigenheim zwischen Fußabtreter vor der Eingangstür und Dachfirst einen ganzen Hektopascal. Mit zunehmender Höhe verlangsamt sich die Abnahme etwas, in rund 5 Kilometern Höhe ist sie nur noch halb so hoch wie am Erdboden, in knapp 20 Kilometern Höhe hat sich die Geschwindigkeit des fallenden Luftdrucks um 90 Prozent verlangsamt.

Würde man all dies nicht berücksichtigen, gäbe es über den Weltmeeren nur Hoch- und über dem zumindest höheren Festland nur Tiefdruckgebiete. Damit man jedoch alle Werte vergleichen kann, wird der Luftdruck, der an einer Landstation gemessen wurde, neben anderem unter Berücksichtigung der Lufttemperatur auf Meeresniveau „reduziert". Die Temperatur ist deshalb wichtig, weil – wie bereits thematisiert – in kalter Luft der Druck mit der Höhe rascher sinkt als in warmer Luft. Man darf sich übrigens nicht vom Wort „reduziert" verwirren lassen: Das Höhenniveau wird reduziert, nicht der Luftdruck. Meldet die wunderschöne Kreisstadt Parchim beispielsweise einen Luftdruck von 1020 Hektopascal, müssen wir die rund 50 Meter beachten, die der Ort über Meereshöhe liegt. Reduzieren wir die auf 0 Meter, kommen zu den 1020 Hektopascal noch die fehlenden rund 6 Hektopascal der 50 Meter Luftsäule hinzu, ergibt sich ein reduzierter Luftdruck von 1026 Hektopascal. Das ist noch überschaubar.

Steigen wir in Berlin in den Fahrstuhl des Fernsehturms am Alex und fahren hinauf, müssen wir binnen Sekunden einen Luftdruckabfall von etwa 25 Hektopascal ertragen. Wir merken es am Knacken im Ohr, denn in uns haben wir noch den Druck, der am Fuß des Turmes herrscht. Damit wir nicht mit Überdruck auf die Hauptstadt schauen, sucht sich die Luft ihren Weg, u. a. durchs Ohr. Böse Zun-

Profiwetterkarten sind das tägliche Brot des Meteorologen. Hier schaue ich auf eine Karte, auf der das europäische Wetter zu einem bestimmten Zeitpunkt abgebildet ist. Grob gesagt ist zu sehen, dass im Norden (oben) kalte Luft lagert (lila bis blau) und im Süden wärmere (grün, gelb, orange). Ein Tief ist gerade dabei, beides zu durchmischen. Die hellen Linien zeigen die Position des Tiefs, die auf ihnen vermerkten Zahlen die Höhe des Luftdrucks.

gen behaupten, dass Hohlkörper am meisten unter dem Druckverlust leiden, also seien Sie vorsichtig, wenn Sie öffentlich bekennen, dass Ihr Ohr ganz schön oft geknackt hat. Ähnlich verhält es sich beim Start oder bei der Landung in einem Flugzeug.

Auf allen Bodenwetterkarten sind also ausschließlich Luftdruckwerte zu finden, die sich auf das Meeresniveau beziehen – hohe Berge ausgenommen, denn hier würde das Umrechnen zu derartig großen Abweichungen führen, dass man zu unbrauchbaren Werten käme. Entsprechende Wetterstationen melden zwar auch den Luftdruck vor Ort, er wird aber beim Zeichnen der Isobaren (Linien, die den gleichen Luftdruck kennzeichnen) nicht berücksichtigt.

Schaut man sich die Bodendruckverteilung auf unserem Planeten an, stellt man fest, dass es ein ganz bestimmtes Muster gibt: An den Polen dominiert jeweils ein Hoch. Gehen wir von dort Richtung Äquator, finden wir am Rande der polaren Hochs eine Zone mit vielen Tiefs, der ein breiter Gürtel mit Hochs folgt, dem sich am Äquator selbst eine Tiefdruckrinne anschließt. Sieben verschiedene Zonen umgeben demnach unseren Planeten: zwei Polarhochs, zwei subpolare Tiefdruckzonen, zwei subtropische Hochdruckgürtel, eine äquatoriale Tiefdruckrinne. Die Vorsilbe „sub" steht jeweils für einen Bereich des Übergangs. Schließlich liegen polare Kälte und die Hitze des Äquators nicht unmittelbar nebeneinander, die Grenzen sind stark verwaschen.

Die beiden Pole bekommen am wenigsten Sonnenstrahlung ab. In den jeweiligen Wintern sogar gar keine; in den Sommern steht unser Zentralgestirn nur knapp über dem Horizont, muss ein Sonnenstrahl einen weiten Weg durch die Atmosphäre zurückzulegen, verliert viel an Kraft, was auch nicht dadurch ausgeglichen wird, dass die Sonne um den Sommeranfang 24 Stunden am Tag scheint. Ihre Wärme reicht nicht, beispielsweise die polaren Eiskappen abschmelzen zu lassen. Mit tatkräftiger Unterstützung des Menschen könnte es allerdings dazu kommen, dass der Nordpol im Sommer bald eisfrei wird – Stichwort Klimawandel. Bildet sich Jahr für Jahr im Winter weniger Neu-Eis, hat es die Sommersonne leichter, die Eisfläche schrumpfen zu lassen. Das passiert natürlich nicht – wie auch sonst beim Wetter – gleichmäßig. Es gibt Jahre, da scheint das vom Eis bedeckte

Eisschmelze und Eisneubildung sind natürliche Prozesse in beiden Polargebieten. Seit einigen Jahren schmilzt jedoch im Sommer mehr als im darauffolgenden Winter wieder hinzukommt, besonders im Nordpolarmeer.

Gebiet wieder stärker zu wachsen, aber nur, um danach desto kräftiger abzuschmelzen. Der Trend ist eindeutig: Es taut mehr als sonst. Untersuchungen haben außerdem ergeben, dass die Eisdicke ebenfalls abnimmt.

Doch wie auch immer, an den Polen wird es dauerhaft kälter sein als in anderen Gegenden unseres Planeten, die Kältekammern werden uns erhalten bleiben, wie gut sie auch gefüllt sein mögen – dem Polarhoch sei Dank.

Weil auch ein Hoch kein statisches Gebilde ist, sondern ein permanenter Prozess in der Atmosphäre, der in diesem Fall immer wieder an gleicher Stelle Luft anhäuft, die dann am Rande des Hochs auseinander strömt, gibt es am Südrand des nordpolaren Hochs eine Zone mit häufigen Ostwinden. Warum Ostwind? Weil die Erde sich dreht!

Weht die Luft vom Pol nach Süden (nur diese Richtung ist am Nordpol möglich), beispielsweise auf dem 15. Längengrad, wird sie nicht auf ihrem Längengrad bleiben können, sondern nach rechts (von der Fließrichtung aus gesehen) abgelenkt, nach Westen, da sich die Erde gleichzeitig von West nach Ost dreht. Sie können dies in einem Selbstexperiment ausprobieren. Nehmen Sie sich dazu einen Bleistift und setzen ihn leicht mit der nicht angespitzten Seite an die obere Stirn. Bewegen Sie nun den Stift senkrecht in Richtung Nasenbein, ohne dass Sie ihn nach links oder rechts ziehen, und drehen – die Erddrehung simulierend – den Kopf nach links (der Stift macht diese Bewegung nicht mit); Sie werden die Augenbrauen treffen, aber nicht das Nasenbein. So geht es der Luft auch. Sie will nach Norwegen, kommt aber auf Island an, weht also nach Westen – Ostwind entsteht.

Am Rande des Polargebietes weht folglich kalter Ostwind, und er weht damit an den nördlichen Rand einer weltumspannenden Tiefdruckkette, die sich dem polaren Hoch anschließt, und demnach auch manchmal zu uns.

Mitteleuropa liegt die meiste Zeit des Jahres im Bereich dieser subpolaren Tiefdruckzone, die sich in der Regel zwischen dem 40. und 65. Breitengrad befindet. Mal ist sie mehr nach Süden verschoben, vorzugsweise im Nordwinter, wenn das polare Hoch besonders mächtig ist, mal nach Norden, wenn sich der Kältesee um den Nordpol leert, sich das Hoch zurückzieht – gemeinhin im Nordsommer. Man spricht auch von den „gemäßigten Breiten". Hier, im Puffer zwischen der Kälte im Norden (beziehungsweise auf der Südhalbkugel im Süden) und der großen Wärme in Äquatornähe, durchmischen sich warm und kalt am häufigsten.

So eine Tiefdruckzone kann man sich wie ein großes, breites Tal vorstellen, in das die Luft direkt hineinwehen möchte, um es bis zum Rand aufzufüllen. Folglich muss sich die Luft bewegen. Sind die Hänge des Tales steil, vollzieht sich dieser Prozess schneller, so wie ein Ball einen steilen Hang mit mehr Geschwindigkeit hinunterkullert als einen flachen. Bei großen Luftdruckunterschieden auf engem Raum gäbe es demnach stärkeren Wind als bei kleineren. In der Meteorologie spricht man in diesem Fall von einem „starken Gradienten". Die Kraft, die über die Stärke des Windes entscheidet, heißt entsprechend „Gradientkraft". Die Luft weht – wie bereits beschrieben – stets zum Tief, sie möchte es auf direktem Wege erreichen, jedoch kommt auch hier wieder die Erddrehung ins Spiel. Weht die Luft von Süd nach Nord in dieses Tief respektive Tal, bekommt sie eine Rechtsablenkung. Das Phänomen, welches hier dahinter steckt, ist die „Corioliskraft". Wieder können Sie dies mit dem Stiftexperiment überprüfen. Nur beginnen Sie jetzt am Nasenbein und versuchen, die hohe Stirn zu erreichen ... statt dieser werden Sie die Schläfen treffen. In der Natur bedeutet ein derartiger Effekt, dass sich am Südrand der Tiefdruckzone Westwinde einstellen. In so einer Westwindzone leben wir. Gerade der Umstand, dass es im hohen Norden das Ostwindband gibt, weiter südlich das des Westwindes, führt den Tiefs dazwischen immer wieder Energie zu. Sie saugen die kalte Luft aus dem Norden und die warme aus dem Süden an, geraten in Rotation, beide Luftmassen vermischen sich in einer gigantischen Spirale, die durchaus über 1000 Kilometer Durchmesser umfassen kann. Diese Spirale dreht sich auf der Nordhalbkugel entgegen dem Uhrzeigersinn.

Hinzu kommt, dass in 5 bis 10 Kilometern Höhe in diesen Breiten ein Starkwindband unseren Globus umspannt, der sogenannte Jetstream oder auch Strahlstrom. Er weht in der Regel von West nach Ost. Ursache für diesen Höhenwind ist der Luftdruck, der in kalter Luft rascher abnimmt als in warmer. Man spricht hier von unterschiedlichen Druckflächen. Eine solche ist die 500-Hektopascal-Fläche. Sie bezeichnet die Höhe in der Atmosphäre, in der exakt 500 Hektopascal gemessen werden. In warmer Luft liegt die Druckfläche höher als in kalter. Höhenwetterkarten geben daher nicht mehr den Luftdruck an, sondern die Höhe einer ausgewählten Druckfläche. Treffen nun kalte Luftmassen aus dem Norden auf warme aus dem Süden, gibt es im Übergangsbereich eine Neigung der Druckfläche zur Kaltluft hin, und diese Neigung nimmt mit der Höhe weiter zu. Natürlich wird die warme Luft nun bestrebt sein, auf die Höhe der kalten abzufließen, es geht schließlich „bergab". Doch einmal mehr kommt die Erdrotation ins Spiel mit der aus ihr resultierenden Corioliskraft, der Rechtsablenkung. Heißt: Die (warme) Luft aus dem Süden wird beim Strömen gen Norden nach rechts abgelenkt, weht also in der Höhe Richtung Osten – ein Westwindband entsteht, der besagte Jetstream. Seine Impulse setzen sich bis zum Erdboden beziehungsweise zur Meeresoberfläche durch, transportieren die Tiefs von West nach Ost oder unterstützen die Bildung von Bodentiefs.

Dieses Starkwindband darf man sich nun allerdings nicht als gleichmäßig um die Erde wirkendes Gebläse vorstellen. Wie alle Strömungen mäandriert es sehr stark, gerät also ins Schlingern. Zuweilen lösen sich dabei eigenständige Höhenwirbel ab. All dies wirkt sich natürlich auch auf die Tiefdruckzonen am Boden aus und lässt das ganze System chaotisch erscheinen. Das Ergebnis ist eine ausgesprochen wechselhafte Witterung. Im Endeffekt entsteht eine Klimazone, die man weder als besonders warm noch als besonders kalt bezeichnen kann – sondern als gemäßigt. Klingt beinahe langweilig, aber gerade dieser Wechsel zwischen warm und kalt macht unser Wetter so interessant, wobei er in Atlantiknähe stark ausgeprägt ist. Weiter östlich, in den Weiten des Eurasischen Kontinents, geht es ruhiger zu, dafür gibt es dort extreme Unterschiede zwischen den Jahreszeiten: Hitze im Sommer, Kälte im Winter – keine mild temperierte Ozeanluft dringt bis in diese Gebiete.

Für unsere Breiten ist stets die Zugbahn der Tiefs entscheidend. Wir haben gelernt, dass diese sich sehr variabel verhält, die Tiefs können über Spitzbergen ziehen oder auch in den Mittelmeerraum. Geschieht Letzteres im Winter, gelangen wir auf die Nordseite mit ihren östlichen bis nordöstlichen Winden, dann weht die Kälte aus Russland direkt zu uns. Voraussetzung wäre allerdings, dass sich dort vorher kalte Luft angesammelt hat. Ist unsere Kältekammer leer, fällt das Thermometer nur wenig unter Null, steht arktische Kaltluft bereit, erleben wir nach rascher Abkühlung eine äußerst kalte Winterwetterphase. Ziehen hingegen die Tiefs im hohen Norden vorbei, weht milder Südwest durch unser Land und gibt dem Winter keine Chance.

In den subtropischen Breiten herrscht hingegen eine viel größere Beständigkeit, Hochdruckgebiete sind dominant, eines liegt sehr gern in Höhe der nordatlantischen Inselgruppe namens Azoren, woher das beständige Azorenhoch auch seinen Namen hat. Dieser Hochdruckgürtel war früher bei den Seefahrern außerordentlich gefürchtet, waren sie mit ihren Segelschiffen doch auf den Wind angewiesen. Riesige windarme Gebiete bedeuteten kein Vorwärtskommen, oft wurden die Vorräte an Lebensmitteln knapp und man begann, etwaige

Ruhiges Wetter auf den Azoren. So ist es die meiste Zeit des Jahres, denn die Inselgruppe im Nordatlantik liegt in den Breiten, in denen sich das Subtropenhoch gern aufhält. Da es über dem Ozean ideale Bedingungen vorfindet, verharrt es hier besonders lang. So gaben die Inseln dem Hoch seinen Namen: Azorenhoch.

an Bord befindliche Pferde zu schlachten und zu essen. Daher tragen diese Regionen auch den Beinamen „Rossbreiten". Diese Hochs werden ebenfalls zum einen permanent mit Luft aus der oberen Troposphäre (die Troposphäre ist die unterste Schicht der Erdatmosphäre) gefüttert, um gleichzeitig am Boden auseinanderzulaufen wie ein zu weich geratener Pfannkuchen.

Um beim Azorenhoch, dem uns am nächsten liegenden Subtropenhoch, zu bleiben: An seiner Nordflanke fließt die Luft Richtung Nord bis Ost ab, südwestliche Winde entstehen, die schließlich in die subpolare Tiefdruckzone wehen, an deren Südrand ohnehin westlicher Wind vorherrscht. An der Südflanke weht die Luft in südlicher bis westlicher Strömung gen Äquator, der nun nicht mehr weit entfernt ist: Es ist die Zone der Passatwinde, die auf der Nordhalbkugel

Subtropenhoch über dem Festland bedeutet für die Region trockene Witterung. Auf lange Sicht muss dies die Wüstenbildung begünstigen. Hier herrschen hohe Tagestemperaturen, die durchaus über 55 Grad Celsius liegen können – im Schatten. In den Nächten kann es trotzdem frostig werden, der trockenen Luft fehlt das Treibhausgas Wasserdampf.

aus Nordost kommen, wie beispielsweise auf den Kanarischen Inseln. Die Folge in diesen Gebieten ist ein langweiliges Wetter mit einer Mischung aus Sonnenschein und Wolken, manchmal mehr Sonne, dann wieder tagelang nur bewölktem Himmel. Für einen Meteorologen gibt es kaum etwas Unerträglicheres als eine solche zähe Decke sogenannter Stratocumulus-Wolken, einer Mischung aus Schicht- und Haufenwolken. Schichtwolken entstehen, wenn wärmere Luft von der Seite auf kältere trifft, Haufenwolken, wenn die Wärme vertikal in die Höhe schießt. Trifft sie dabei auf ein Hindernis, zum Beispiel auf eine wärmere Luftschicht, laufen die Haufenwolken an dieser Grenze auseinander. Es entsteht die besagte Schicht aus Mischwolken mit wenigen blauen Lücken.

Über Nordafrika sorgt der subtropische Hochdruckgürtel für gnadenlosen Sonnenschein, kaum eine Wolke trübt das Blau des Himmels, allenfalls feiner aufgewirbelter Wüstensand, der es manchmal, wenn die Winde entsprechend stehen, bis nach Süd- oder sogar Mitteleuropa schafft. In Nordafrika, auf der Arabischen Halbinsel, im Innern Mexikos oder in den Südstaaten der USA werden die weltweit höchsten Lufttemperaturen gemessen. Mehr als 55 Grad Celsius im Schatten sind keine Seltenheit, der Rekord liegt bei 58 Grad, gemessen am Nordrand der Sahara, mutmaßlich in einer Thermometerhütte – jenen weißen, aus Lamellenwänden bestehenden Kisten, bestückt mit Thermometern, die hier abgeschattet und belüftet (Lamellen lassen Wind und Luft, aber keine Sonne durch) die Temperatur erfassen. Um es zu verdeutlichen: Die 58 Grad wurden im Schatten registriert, den es in der Wüste im Grunde gar nicht gibt. Kaum auszudenken, wie es sich anfühlen würde, in der prallen Sonne zu stehen.

Nähert man sich dem Äquator, verändert sich die Lage wieder völlig. Die Passatwinde aus dem Norden und die aus dem Süden treffen sich in einer tausende Kilometer langen innertropischen beziehungsweise äquatorialen Tiefdruckrinne. Die Tropen umfassen das Gebiet zwischen dem nördlichen und dem südlichen Wendekreis. Die Sonne steht das ganze Jahr über hoch, ständige Hitze herrscht, hinzu kommt eine hohe Feuchtigkeit. Das Ganze ergibt das typische feuchtheiße Klima der Tropen und ermöglicht das Ausbreiten der Regenwälder. Ein sehr empfindliches Ökosystem, denn diese Wälder produzieren die für sie nötige Feuchtigkeit durch starke Verdunstung aus den Bäumen in Verbindung mit hoher Sonneneinstrahlung und daraus folgender Wolkenbildung praktisch selbst. Jeden Tag bilden sich Schauer und Gewitter, fast immer zur gleichen Zeit. Ein Kreislauf in atemberaubendem Tempo, weil die Sonne hier viel Energie liefert, denn ihre Strahlen fallen – wie bereits beschrieben – sehr steil, zweimal im Jahr zur weltweiten Tag- und Nachtgleiche sogar senkrecht vom Himmel. Rodete man den Wald, wäre es nur noch heiß, würde besonders in den meerfernen Gebieten die Feuchtigkeit durch Verdunsten fehlen, was eine Neubewaldung zumindest deutlich erschwerte.

Das Wandern des höchsten Sonnenstandes vom südlichen Wendekreis am 21. Dezember über den Äquator zum nördlichen Wendekreis am 21. Juni bedeutet auch ein jährliches Verschieben des stärksten Einstrahlwinkels der Sonne und damit zugleich der sogenannten innertropischen Konvergenz, jener Zone, in der Nordost- und Südostpassat aufeinandertreffen. Wo dies geschieht, muss die Luft nach oben ausweichen, es bilden sich Wolken und ausgedehnte Regengebiete, durchsetzt mit Gewittern – bekannt als Monsun. Diese Zone folgt mit wenigen Wochen Abstand dem Sonnenhöchststand, so wie bei uns die heißeste Zeit des Jahres nicht der Sommeranfang ist, sondern die Phase etwa sechs Wochen danach – es dauert eben, bis sich Böden, Luft und Gewässer richtig aufgeheizt haben, so dass selbst ein sinkender Sonnenstand zunächst keine Abkühlung bewirkt. Dementsprechend folgt die heißeste Zone der Erde stets dem Sonnenhöchststand mit einem gewissen Abstand, sie wird auch als „meteorologischer Äquator" bezeichnet und liegt jedes Jahr woanders, mal etwas nördlicher, mal etwas südlicher. Ähnlich verhält es sich mit dem Monsun, und so kann es im Randbereich des Monsunerwartungsgebietes ein vergebliches Warten auf den Regen geben, können Dürren Millionen in den Hunger und in die Flucht treiben.

Anhand des „meteorologischen Äquators" ließ sich übrigens in den letzten Jahren gut ablesen, wie Teile der heutigen Medienlandschaft zuweilen mit dem Thema Wetter umgehen. Als beispielsweise im Jahr 2003 diese Zone extrem weit nach Norden verschoben war, der Sommer deshalb in Südeuropa, den Alpen und dem Süden Deutschlands zu einem besonders heißen wurde, meinte eine große deutsche Boulevardzeitung feststellen zu müssen, dass der Äquator dramatisch verschoben sei und Hitzeforscher Alarm schlügen. Oha, habe ich damals gedacht, wie mag unsere schöne Erde wohl nun vom Weltraum her aussehen, statt Kugel eine Art Ei? Weil man vermutlich stolz war auf die Weisheit von 2003, legte das gleiche Blatt 2008, als sich das Wetter mal wieder chaotisch gab, nach: „Das Wetter spielt seit Wochen verrückt: Tropenhitze im Nord-Osten und heftige Gewitter im Süden – Sylt hat Sonne und Mallorca versinkt im Regen." Bestätigten diese Wetter-Kapriolen nicht die fünf Jahre alte These?

Natürlich nicht. Was sich damals verschoben hatte, war der „meteorologische Äquator" und nicht der geografische, denn der bezeichnet immer den ortsfesten und zugleich mit 42 000 Kilometern längsten Breitengrad. Und was ist ungewöhnlich daran, dass es auf Sylt sonnig ist und auf Mallorca regnet? Gar nichts.

Es ist eine Unsitte geworden, Wetterbanalitäten als „Chaos" zu bezeichnen. Allein schon, weil kein seriöser Meteorologe je bestreiten würde, dass das Wetter vom Wesen her chaotisch ist. In einem chaotischen System passieren ständig „ungewöhnliche" Dinge, die scheinbare Ordnung wird immer wieder „gestört". Manche Zustände treten immer wieder auf, andere seltener, einige sehr selten – was nicht heißt, dass es sie nicht geben kann. Allein schon die Wortschöpfung „Wetterchaos" ist von ähnlicher Güte wie wenn man von „Nassregen" spräche. Aber es gibt noch Steigerungsmöglichkeiten, meinte man doch, dass an der ersten sehr warmen Sommerhälfte 2006 der Mars schuld sei. Bild.de berichtete am 19. Juli des Jahres: „Wüstenhitze in Deutschland! Die Lufttemperatur nähert sich 38 Grad. Forscher rätseln: Liegt es daran, dass sich der Mars dieses Jahr so weit von der Erde entfernt wie nie? Sein kühlender Einfluss (-140 Grad) könnte uns jetzt fehlen." Mal abgesehen davon, dass sich die „-140 Grad" auf die Polregion beziehen, dass es auf dem Mars im dortigen Sommer tags sehr wohl auch über 20 Grad warm wird … die Einbeziehung des fernen Planten bei der Ursachsensuche für hiesige Wettersituationen ist eines: völliger Unsinn. Der Einfluss des Mars auf die Wetterlage in unseren Breiten dürfte grob gerechnet so groß sein wie der Einfluss eines hundert Meter entfernt liegenden Eiswürfels auf Ihr Wohlbefinden an einem heißen Sommertag. Sie könnten auch einen Eiswürfel auf den Brocken im Harz legen und damit versuchen, ganz Nord- und Mitteldeutschland abzukühlen, es dürfte kaum gelingen. Sie wüssten zwar, dass er sich auf dem Berg befindet, er kalt ist, aber spüren würden Sie gar nichts.

Würde man die Schlagzeilen der Zeitung weiterdenken, so wäre die Beantwortung der Frage interessant, welche Folgen alle vier Wochen der an uns vorbeiziehende Neumond, also die eiskalte Seite des uns viel näheren Himmelskörpers, für die Erde haben müsste: Kältestarre? Und welche das uns direkt umgebende Weltall, in dem minus 273 Grad herrschen, durch welche die „-140 Grad" von den Marspolen erst einmal hindurch müssten.

Aufgewühlte See bei Weststurm vor Hiddensee. Da Westwinde vorherrschen, branden die Wellen hier oft besonders stark an den Strand. Auf Dauer führt dies zu einem Abtragen der Küste. Mancherorts stellen sich am Strand aufgereihte Granitblöcke dem Küstenrückgang entgegen – mit Erfolg.

Wie gleichmäßig wehen die Winde um die Erde?

Die verschiedenen Hoch- und Tiefdruckgürtel der Erde haben wir nun kennen gelernt, sie sind mal mehr, mal weniger stark ausgeprägt, so, als würde die Erdatmosphäre atmen. Innerhalb dieser Zonen ist das Wetter natürlich nicht überall gleich. Es gibt Küsten und meeresferne Ebenen, große Gebirge, Hochtäler und Hochebenen, kleine Inseln im Ozean oder die Ozeane selbst mit ihren Meeresströmungen. Der Untergrund ist verschieden, die Höhenlage auch.

Über den Meeren zeigt sich der Wind viel gleichmäßiger als über Land, die Reibung ist deutlich geringer, daher weht er hier bei gleichen Luftdruckunterschieden stärker, als er es über Land tun würde. Berge bilden Hindernisse, die überströmt oder umströmt werden.

Reisen wir zwischen den Breitengraden um die Welt, in denen grob gesagt auch Norddeutschland liegt (zwischen 50 und 60 Grad Nord), so stellen wir erstaunliche Dinge fest. Auf etwa der gleichen Breite liegen Moskau, der Baikalsee, Kamtschatka, der Süden Alaskas und Kanadas, der Süden der Hudson Bay, Neufundland, die Britischen Inseln und die Nordsee. Die Hudson Bay in Kanada friert in den meisten Wintern vollständig zu, Eisbären laufen darüber – eine Touristenattraktion. So nennt sich beispielsweise Churchill gern „Eisbärenhauptstadt" – ein Ort, der auf gleicher Breite wie Hiddensee, Rügen oder Sylt liegt! Niemand jedoch käme auf die Idee, an die deutsche Küste zu fahren, um nach Eisbären Ausschau zu halten; es ist im Winter bei uns erheblich milder. Auch der Baikalsee friert im Winter zu, LKWs fahren über ihn, dabei befindet er sich nicht im hohen Norden Russlands, sondern exakt auf der Breite von Hannover, Bremen, Hamburg, Kiel oder Schwerin. Neufundland versinkt bei bitterer Kälte im Schnee. Woran liegt es, dass sich unser Wetter so sehr von dem der meisten anderen eben genannten Orte unterscheidet?

Ihnen allen ist nicht nur die geografische Breite gemein, sie befinden sich zugleich unisono im Bereich der Westwindzone, jener kräftigen Luftströmung, die – angefacht vom Starkwindband in der oberen Troposphäre – über unseren Breiten besonders stark ausgeprägt ist. Sie würde am liebsten stetig wehen, doch die Geschwindigkeit schwankt, denn die Druckunterschiede sind genauso wenig konstant wie die Temperaturen im Norden oder Süden.

Allerdings gibt es noch andere Größen, die einen Einfluss auf besagtes Starkwindband haben. Eine Strömungstheorie besagt, dass es zu keiner großen Beeinträchtigung der Luftbewegung käme, wurde sie gleichmäßig geradeaus wehen – „laminar" wird dieser Zustand genannt. Steigert sich die Geschwindigkeit jedoch, gerät das ganze Luftsystem ins Schlingern. Doch das stellt nicht die einzige Ursache dar, weshalb es diese laminare Strömung in der Atmosphäre nicht geben kann. Die Erde ist keine glatte Kugel, es gibt Meere und Landmassen, Ebenen und vor allem: Berge. Sie stellen sich – wie bereits thematisiert – den Luftströmungen in den Weg, durch derartige Hindernisse werden sie turbulent, bilden kleine und große Mäander oder abgeschlossene Wirbel. Ein chaotisches System mit unterschiedlichen Winden in den verschiedenen Stockwerken der Atmosphäre.

Am häufigsten tritt bei uns der Westwind auf, am Boden und auch in der Höhe. Wollen wir herausfinden, was unser Wetter beeinflusst, müssen wir also besonders nach Westen schauen. Was finden wir da? Nach einem kurzen Stück Westeuropa den Atlantik, etwas weiter im Norden Grönland, dann Nordamerika und an dessen Westseite die Rocky Mountains, dahinter den Pazifik – bemerkenswert unterschiedliche Oberflächenbeschaffenheiten. Und tatsächlich: Wir müssen bis in die Berge Nordamerikas schauen, um zu verstehen, warum der Wind bei uns zwar zumeist aus Westen kommt, aber eben nicht immer.

Nehmen wir über dem Pazifik einen stetigen Westwind auf unserer Breite an. Der trifft nun auf die Rocky Mountains, gerät angesichts des Hindernisses ins Schlingern – und schon ist es aus mit der

Wird Schnee vom Wind so weit aufgewirbelt, dass die Sicht deutlich herabgesetzt ist, spricht man vom Schneetreiben. Der Schnee muss dazu trocken, pulverig sein, und der Wind stark genug, um ihn zu heben.

gleichmäßigen Westströmung. Vielmehr weht er nun in Mäandern über Nordamerika, und selbst wenn er sich wieder fängt: Es wartet noch Grönland auf ihn, jener bis zu 3000 Meter hohe riesige Eisklotz. Wieder wird der Westwind „gestört", wieder gibt es Mäander oder sogar die Ablösung eines Wirbels hinter Grönland. Östlich befindet sich Island. So ist diese Verwirbelung mit ein Grund, warum sich gerade hier so gerne ein Tief aufhält, das wegen seiner Häufigkeit auch gleich den passenden Namen trägt: „Islandtief". Es ist nicht immer dasselbe Tief, also keines, das seit Urzeiten dort liegt, vielmehr ist damit der Umstand gemeint, dass es in dieser Region einen Hang zu tiefem Luftdruck gibt.

Diesem Tief gegenüber befindet sich das bereits erwähnte beständige, nach einer Inselgruppe im Nordatlantik bezeichnete „Azorenhoch". Beide Druckgebilde sind für Europa von ganz entscheidender Bedeutung: Je nachdem, wie stark sie ausgeprägt sind, wird das Wetter mehr oder weniger vom Atlantik beeinflusst. Hierbei kommt es besonders auf die in ihrer Bedeutung oben bereits thematisierte Luftdruckdifferenz zwischen dem Hoch und dem Tief an. Ist sie besonders groß, entsteht zwischen beiden eine sehr lebhafte westliche Luftströmung, welche die Atlantikluft weit auf den Kontinent trägt. Schwächt sich das Islandtief ab und das Azorenhoch bleibt stark, wird die Druckdifferenz kleiner, der atlantische Einfluss schwächer. Gleiches geschieht, wenn sich das Hoch abschwächt und das Tief kräftig bleibt.

Beide Gebilde beeinflussen sich aber auch gegenseitig so, als ob sie sich belauern würden. Vertieft sich das Islandtief, hält das Azorenhoch dagegen und wird kräftiger. Die Unterschiede schwanken ständig. Weil Meteorologen das wissen und da diese Differenz besonders im Winter so wichtig für uns ist, beobachtet man sie sehr genau. Sie wird als „Nordatlantische Oszillation" bezeichnet, abgekürzt NAO. Der NAO-Index ist der Wert, der sich aus dem Druckunterschied im Raum Island und den Azoren ergibt. Sind beide Druckgebilde gut ausgeprägt, ist der Index positiv, sinken die Unterschiede, geht der Index zurück, kehren sich die Druckverhältnisse um, ist er negativ. Beginnt der Winter mit einem positiven NAO-Index, bleibt es zumindest von Südskandinavien bis in die Norddeutsche Tiefebene vorerst mild. Der Süden Deutschlands kann in so einem Fall bereits in einen

Keil des Azorenhochs geraten, denn dieses dehnt sich zum Teil bis in den Alpenraum aus. In einem derartigen Keil herrscht windschwaches Wetter und die Luft kann in den langen Winternächten immer weiter auskühlen, besonders stark, wenn sich zuvor eine Schneedecke ausbilden konnte. In den Alpen herrscht dann schönstes sonniges Winterwetter. Am Nordrand des Keils ziehen hingegen die Tiefausläufer, Warm-, Kalt- oder Mischfronten über Norddeutschland, Jütland, den Ostseeraum bis nach Südschweden, zuweilen bis ins Baltikum. Bei sehr starker Westlage setzt sich gar bis nach Finnland Tauwetter durch.

Ganz anders sieht es aus, wenn der NAO-Index deutlich negativ ausfällt. Dies geschieht in jedem Falle dann, wenn sich aus dem Polargebiet oder von Grönland einmal ein Hoch bis nach Island ausdehnt und weiter ins Europäische Nordmeer. Dreht sich gleichzeitig ein Tief bei den Azoren im Kreise, weht Ostwind vom Norden des Kontinents und den Britischen Inseln auf den Atlantik. Sehr leicht kann uns dann extrem kalte Luft aus dem Nordwesten Russlands erreichen. Hier liegt ohnehin unsere Kältekammer, etwa um die Stadt Archangelsk. Dort sackte die Temperatur beispielsweise Ende Dezember 1978 auf minus 55 Grad Celsius, Europarekord seitdem.

Der Jahreswechsel 1978/79 brachte einen Schneesturm, wie man ihn sonst nur aus dem Hochgebirge oder dem hohen Norden kennt. Der Schnee wurde derart stark verweht, dass manche Stellen beinahe kahl waren, während andere unter den weißen Massen begraben wurden.

Die Winter-Katastrophe 1978/79

Wenn die Jahreszahl 1978 im Zusammenhang mit Wetter fällt, werden viele Norddeutsche hellhörig, so sehr prägte sich der extreme Wintereinbruch zum Jahreswechsel 1978/79 ins kollektive Gedächtnis ein.

Er konnte vor allem deshalb so heftig werden, weil just zu der Zeit, als es in Russland Rekordkälte gab, eine Wetterlage vorherrschte, die es ermöglichte, diese Kaltluft beinahe direkt nach Norddeutschland zu transportieren. Hier traf sie auf milde Luft, die zuvor mit Südwestwinden zu uns gekommen war.

Das Ergebnis waren äußerst große Temperaturunterschiede auf engstem Raum. Hinzu kam, dass die arktische Kaltluft nicht um die Ostsee herum oder rasch über den kurzen Weg aus Norden, sondern aus Nordosten kam, folglich relativ lange über das Meer zog. Dieses war noch warm genug, um viel Feuchtigkeit abzugeben. Kräftige Schneefälle wurden ausgelöst, die in Verbindung mit dem Nordoststurm meterhohe Verwehungen zur Folge hatten, zumal sich die Wetterfront nur sehr langsam fortbewegte – eine Katastrophe, die leider auch Menschenleben kostete.

Rückblickend ist festzustellen, dass es tatsächlich ein großer Zufall war, dass sich genau zum Zeitpunkt des Anzapfens der Luft aus dem Nordwesten Russlands dort auch so extrem kalte Luftmassen befanden.

Der Wetterverlauf von Weihnachten 1978 bis Neujahr 1979 in den drei Nordbezirken der DDR

Weihnachten 1978	Mit dem 24.12. setzt pünktlich „Weihnachtstauwetter" ein, es wird mild, aber auch trübe, nieselt und regnet zeitweise bei Tagestemperaturen um plus 5 Grad Celsius und frostfreien Nächten.
27.12.1978	Neblig-trübes Nieselwetter bei 1 bis 3 Grad herrscht vor. Der schwache bis mäßige Wind weht meist noch aus West, am Kap Arkona schon aus Ost. Keine Schneedecke.
28.12.1978	An der Elbe tritt nochmals Milderung ein, in Boizenburg wird mit 8 Grad die bis dahin höchste Temperatur des Dezembers 1978 erreicht, gleichzeitig werden im Raum Schwerin noch plus 1 bis plus 3 Grad gemessen, weiter östlich setzt leichter Frost ein. Der Wind weht an der Elbe aus Nord, an der Elde anfangs aus West, dreht im Verlauf des Tages jedoch überall auf Ost und frischt stark auf. Die Temperatur beginnt zu sinken. Im Osten schneit es schon, Greifswald meldet morgens 3, Ueckermünde 4 Zentimeter Neuschnee. Sonst gibt es Regen oder Nieseln mit Glatteisbildung, später überall heftigen Schneefall. Arkona meldet mittags dichtes Schneetreiben bei Ostwind der Stärke 9.
29.12.1978	Die Temperaturen sind im freien Fall, überall gibt es nun Frost. Um 7 Uhr werden minus 2 bis minus 6 Grad gemessen,

Auch Stralsund wurde stark getroffen, viele Straßen und Wege waren tief verschneit. „Wohin mit dem Schnee?", war eine der meistgestellten Fragen, nachdem es endlich aufgehört hatte zu schneien.

mittags minus 3 bis minus 7 Grad, abends bis zu minus 8 Grad. Dazu kommen den ganzen Tag über Schneefälle, starker Ostwind, an der Küste Ost-/Nordoststurm. Es liegt nun überall Schnee, zwischen 2 Zentimeter in Schwerin und 17 Zentimeter in Greifswald, dies alles aber bereits stark verweht.

30.12.1978

Weitere Abkühlung: An der Küste werden morgens minus 6 bis minus 8, im Binnenland minus 10 bis minus 12 Grad gemessen. Die Schneehöhe liegt zwischen 4 Zentimeter in Boltenhagen (alles verweht) und 24 Zentimeter in Greifswald. Tags wird es nicht wärmer, sogar noch etwas kälter, minus 13 Grad werden mittags und abends im Binnenland gemessen, an der See um minus 8 Grad. Dazu schneit es weiter, unvermindert weht starker Wind aus Ost bis Nordost, an der Ostsee Nordoststurm.

31.12.1978

Die Schneehöhe wächst auf bis zu 34 Zentimeter in Greifswald, allerdings ist durch die enormen Verwehungen eine ordentliche Messung kaum noch möglich. So liegt am Ostseestrand kaum etwas, weil der Wind alles ins Land verfrachtet. Die Verwehungen sind inzwischen meterhoch. Die Niederschlagsmengen erreichen vom 28. bis 31.12. bis zu 30 Liter pro Quadratmeter, was umgerechnet in Schnee gut und gerne einen halben Meter Neuschnee bedeutet. Der Nordoststurm löst an der Ostseeküste Sturm-

Heute wird lange verhandelt und beraten, bis Hilfe kommt, wie zuletzt 2010, als Hiddensee von der Außenwelt abgeschnitten war. „Damals kamen gleich die Russen oder die NVA!", sagen die Hiddenseer und Rügener rückblickend auf den Jahresbeginn 1979.

hochwasser aus, es kommt zu Schäden. Weiterhin schneit es, der Wind lässt nur geringfügig nach, die Temperatur sackt an der Küste auf minus 9 bis minus 13, im Binnenland auf minus 14 bis minus 19 Grad Celsius.

1.1.1979 Eisige Kälte in der gesamten Region, die Marke von minus 20 Grad Celsius wird erreicht, Marnitz im Kreis Parchim meldet eine Tiefsttemperatur von minus 20,4 Grad. Überall liegt Schnee, teils meterhoch durch die extremen Verwehungen. Die Schneefälle haben aufgehört, es weht aber noch schneidender Ostwind.

In der ersten Januarwoche bleibt es frostig, erst nach dem 7. Januar setzt leichtes Tauwetter ein, es wird trübe und zeitweise fällt etwas Regen.

Wenige Wochen später wiederholte sich das Ganze, nur etwas abgeschwächt.

Ich selbst erlebte die Schneestürme als Achtjähriger, kann mich noch an Autofahrten zwischen Parchim und Spornitz und weiter nach Ludwigslust erinnern, bei denen man links und rechts der Straße nur Schneewände sah. Auf unserem Hof überragte der Schnee meine Körpergröße – eine Tatsache, die allerdings dadurch etwas relativiert wurde, dass ich stets einer der Lütten meines Klassenjahrgangs war.

Bevor 2010 Hilfe kam, vergingen Tage. Hier startet ein Helikopter, der zuvor das Kamerateam eines deutschen TV-Senders abgesetzt hatte. Man wollte „das Elend" auf Hiddensee filmen, stellte aber das Fluggerät dann denen zur Verfügung, die dringend aufs Festland mussten. Erst danach lief die offizielle Hilfsaktion der vom Eis eingeschlossenen Insel an.

Die Fähre „Vitte" konnte 2010 nicht, wie sonst, zuverlässig durchs Eis brechen und blieb defekt auf der Festlandsseite in Schaprode liegen.

Den Schnee zu schieben, reichte nicht mehr, im Februar 2010 mussten die weißen Massen von den Straßen gebaggert werden.

Wie auch immer, ich hatte Spaß an den weißen Massen, grub Tunnel in sie. Vermutlich war dieses Ereignis ein Mosaiksteinchen beim Aufbau meiner Begeisterung für das Wetter, denn ich konnte mich damals gar nichts sattsehen an Schneegestöber und -verwehungen, habe die minus 15 Grad bestaunt, die unser Fensterthermometer anzeigte.

Der Winter 1978/79 war einer der letzten seiner Art, es gab in den 1960er- und 1970er-Jahren relativ viele mit starkem Schneefall: Am Ende des Rekordschneewinters 1969/70 wurde ich geboren, er begann schon im November 1969 und hielt bis Ende März 1970 an, vielerorts lag im Nordosten Deutschland über Monate eine geschlossene Schneedecke. Gerade in diesen Jahrzehnten war der NAO-Index oft negativ, der atlantische Einfluss häufig gering, die Winter zeigten sich entsprechend relativ kalt mit großen Chancen auf Schnee. Es ist daher nicht verwunderlich, wenn sich zahlreiche Menschen, die ihre Kindheit zu dieser Zeit im Norden der DDR verbrachten, an viel Schnee erinnern und diesen heute vermissen. Es gab damals tatsächlich mehr „weiße" Tage.

Früher war alles besser? „… sogar die Zukunft", wie Karl Valentin brillant bemerkte? Nein: Damals wie heute entschied unter anderem ein schnöder Index darüber, wie die kalte Jahreszeit bei uns wird.

Globale Verflechtungen

Natürlich ist auch die NAO wieder nur ein Teil eines großen weltumspannenden Wettersystems, da gibt es noch die Arktische Oszillation (AO), die wiederum die NAO beeinflusst, ähnliches auf dem Pazifik usw., zusammen ein riesiges System globaler Wellen in der Atmosphäre. Hinzu kommen Meeresströmungen, die ebenfalls Schwankungen unterliegen, wie zum Beispiel das Phänomen „El Niño" im Pazifik, dessen Ursache bis heute noch nicht ganz geklärt ist. Es kehrt die dort übliche Warm- beziehungsweise Kaltwasserverteilung komplett um. Vor Südamerika, wo sonst kaltes Tiefenwasser an die Oberfläche kommt, geschieht nun das, was sonst vor der Ostküste Australiens üblich ist: Warmes Wasser spült an die Küste. Diese Umkehrung hat die üblichen Konsequenzen: Wo das Meer warm ist, verdunstet mehr Wasser. Es bilden sich mehr Wolken, kommt zu stärkeren Niederschlägen, die Küste Südamerikas leidet unter Überschwemmungen. Zur gleichen Zeit schränkt das kalte Meer vor Australien die Verdunstung stark ein, fehlt die Thermik, die warme aufsteigende Luftbewegung, in deren Folge sich Wolken und Regenfälle bilden. Es regnet weniger, Dürren sorgen für Missernten und Busch- oder Waldbrände.

Die veränderte Wärmeabgabe des Pazifik greift in den gesamten globalen Wärmehaushalt ein. El Niño ist nicht immer gleich stark. Den letzten starken El Niño erlebten wir 1998, es war zugleich das wärmste Jahr des gesamten 20. Jahrhunderts. Ob zufällig oder nicht, es folgt dem globalen Temperaturtrend und stellt die Spitze einer langen Kette warmer Jahre dar, die mit 1998 allerdings ihr vorläufiges Ende fand. Seitdem scheint die globale Erwärmung zum Stillstand gekommen zu sein. Allerdings auf einem hohen Niveau. So setzt sich der Eisrückgang im Arktischen Ozean weiter fort, als ob die Erwärmung der Meere und damit auch die der Meeresströmungen zeitversetzt geschähe.

In der Antarktis ist übrigens in den vergangenen Jahrzehnten insgesamt kein Rückgang der Eisbedeckung festzustellen, wobei es Unterschiede zwischen dem östlichen und dem westlichen Tal der Eismassen gibt.

Findet die globale Erwärmung am Südpol etwa nicht statt? Die Eisbedeckung als solche muss nicht zwangsläufig abnehmen, wenn es wärmer wird, zumindest nicht sofort. In einem wärmeren Klima steigt nämlich auch die Niederschlagsrate, und so sind im Randbereich der Antarktis stärkere Schneefälle möglich. Wenn mehr Schnee ins Meer fällt, kühlt sich die Wasseroberfläche schneller ab. Es entsteht eine Art Eisbrei, eine gute Voraussetzung für die Bildung einer festen Eisdecke. Das Prinzip der raschen Abkühlung von Flüssigkeiten durch das Hinzufügen von Eis – denn nichts anderes sind Schneeflocken – nutzen wir in jedem Sommer, wenn wir einem Getränk Eiswürfel beigeben: Beim Schmelzen des Eises wird Wärme verbraucht, diese Wärme wird dem Getränk entzogen, seine Temperatur sinkt rasch.

Wir kennen die Meeresabkühlung durch Schnee auch aus unseren Wintern. Starke Schneefälle kühlen die Ostsee rascher ab, als es kalte Luft allein könnte. Natürlich kann sich auch ohne Schneefall Eis auf der See bilden. Schneit es jedoch über Tage und gibt es dazu wenig Wind und Wellen, erhöht der entstehende Eisbrei zumindest die Chance auf eine Vereisung des offenen Meeres und nicht nur der Buchten. Wenn sich erst eine Eisfläche gebildet hat, beruhigt dies die gesamte See, vermindert den Wellengang – und dies wiederum beschleunigt bei entsprechenden Temperaturen die weitere Vereisung. Ideal ist ein leichter Wind, der die restliche Wärme aus dem Wasser zieht. Ansonsten würde sich über der Meeresoberfläche zu viel Wärme halten können, die aus dem Wasser aufsteigt.

Wenn nach dem Vereisen der Schnee kommt, wirkt auch der Strelasund nicht mehr wie eine Barriere zwischen Rügen und Stralsund. Die Verlockung, einfach über ihn zu laufen, ist groß, es wäre aber lebensgefährlich. Strömungen unter dem Eis schleifen es immer wieder dünn, was man von oben meistens nicht sieht.

Schwacher Schauer über der Ostsee. Der feine Schleier unter der Wolke ist Schnee. Im Prinzip fällt hier das gerade erst verdunstete Meerwasser in der eisigen Luft in Form von Millionen Eiskristallen und Schneesternen wieder in die See zurück.

Das typische Wetter in unseren Breiten

In Mecklenburg-Vorpommern leben wir im Übergang zwischen der polaren Kälte und der subtropischen Hitze. Große Tiefdruckwirbel vermischen beide Luftmassen. Kalte und warme Luft kämpfen gegeneinander.

Dies geschieht so lange, bis im gesamten Tief die gleiche oder zumindest eine sehr ähnliche Temperatur herrscht. Dann löst sich das Gebilde. Die Wetterabläufe sind dabei im Detail zwar höchst unterschiedlich, im Großen und Ganzen aber stets ähnlich.

Welches Wetter bei uns während der Luftmassenwechsel typisch ist, hängt davon ab, ob kältere Luft von wärmerer verdrängt wird oder umgekehrt. Der Wettercharakter ist jeweils sehr unterschiedlich. Dies wird vor allem in der Art der Bewölkung deutlich. Der Grund hierfür ist, dass – vereinfacht gesagt – warme und kalte Luft eine unterschiedliche Dichte aufweisen. Was passiert nun, wenn warme Luft die kältere und schwerere verdrängen möchte? Es entsteht eine Warmfront.

Die Warmfront

Fronten sind Zonen, in denen unterschiedlich temperierte Luftmassen gegeneinander vorgehen. Zuweilen können sie auch beinahe friedlich nebeneinanderliegen, in einem solchen Fall spricht man dann eher von einer Luftmassengrenze – eine Art Pattsituation, bei der warm und kalt mit gleicher Kraft aufeinander zugehen oder nebeneinander herwehen. Dieser Zustand ist aber in der Regel nur von kurzer Dauer, irgendwann wird sich eine Front ausbilden, durch die eine Luftmasse die andere verdrängt.

Die warme Luft hat es schwerer. Will sie die Kälte wegschieben, wird sie, da sie leichter ist, zunächst auf dem trägen Kaltluftbrei aufgleiten. Dieser Vorgang kann sich in unseren Breiten über hunderte Kilometer erstrecken, es entwickelt sich ein umfangreiches sogenanntes Hebungsgebiet warmer Luftmassen. In der Atmosphäre entsteht also eine horizontal sehr schräg gestellte Front. Bewegt sich diese von West nach Ost, kann die warme Luft in 10 oder 12 Kilometern Höhe unter Umständen schon Berlin erreicht haben, am Boden aber vielleicht erst Aachen. Ist der Wind auch am Boden stark genug, wird sie sich vollständig durchsetzen.

Die Warmfront: Wärmere Luft gleitet langsam auf kalter auf.

In der Bundeshauptstadt ziehen erste feine Schleierwolken auf, die, je weiter die Front vorankommt, immer dichter werden. Gelegentlich sieht man dann farbige Ringe um die Sonne oder helle Lichtflecken in gewissem Abstand von ihr, in seltenen Fällen auch beides. Das sind sogenannte Halos, verursacht durch Lichtbrechung an Eiskristallen, aus denen die Schleierwolken, die Cirren, bestehen. Sie künden oft einen Wetterumschwung an, meist innerhalb der kommenden Stunden. Die transparenten Eiswolken entstehen am vorderen Ende des schräg in die Höhe gerichteten Warmluftstroms.

Das Ersetzen der kalten Luft in der Höhe durch die wärmere hat noch eine weitere Konsequenz. Da die warme Luft leichter ist, verringert sich das Gewicht der Luftsäule, kann man einen beginnenden Luftdruckfall feststellen. Je näher die Bodenfront kommt, umso mächtiger wird der Warmluftstrom in der Höhe, die Hebung stärker, die Wolkendecke dicker und dichter, die Luft leichter. Der Himmel erscheint fast eintönig weiß oder weiß-grau. Nicht selten sind wellenförmige Wolkenstrukturen zu beobachten, ausgelöst durch das Aufgleiten der leichten Warm- auf der schweren Kaltluft – ähnlich Wellen auf dem Wasser, wenn die leichte Luft über das viel schwerere (dichtere) Wasser weht. Mit jedem Kilometer, den unsere Warmfront vorankommt, gelangen wir unter immer größere Hebung, unter immer dickere Wolken. Schließlich ist so viel Luft angehoben worden, dass die Niederschlagsbildung einsetzt, die ersten Schneeflocken sinken herab, tauen auf und fallen als Regentropfen aus der Wolke heraus. Viele von ihnen erreichen den Erdoberfläche nicht, verdunsten zunächst. Vom Boden aus erkennt man dieses Phänomen an den „Fallstreifen", feinen Fäden, die unter der Wolke hängen. Die Niederschlagsbildung wird allerdings immer intensiver, bald fällt so viel Regen, dass mehr am Erdboden ankommt als zwischendurch verdunstet.

Da aber nach wie vor ein Teil des Niederschlags verdunstet, entwickelt sich unter der Wolke Verdunstungskälte, wird doch beim Verdunsten Wärme verbraucht. Diese Abkühlung sorgt für das Auskondensieren des massenweise vorhandenen Wasserdampfs, eine weitere Wolkenschicht bildet sich unter der eigentlichen Regenwolke. Wind zerzaust dieses fragile, relativ dünne Gebilde, und es entstehen zahllose Wolkenfetzen, die in wenigen hundert Metern Höhe über den Erdboden eilen, manchmal auch noch niedriger, so dass sogar der Leuchtturm auf Hiddensee darin eingetaucht wird. Je nachdem, wie stark die Warmfront ausgeprägt ist, kann das an dieser Luftmassengrenze entstehende Niederschlagsgebiet mehrere dutzend bis über 200 Kilometer breit sein. Wenn es langsam zieht, regnet es über Stunden ohne Unterlass.

Irgendwann hat sich die warme Luft komplett durchgesetzt, dann ist – wie man es in Meteorologensprache sagt – die Warmfront durch. Die Hebung ist Geschichte, die Aufgleitbewölkung zieht ab, blauer Himmel kommt zum Vorschein, tagsüber beginnt die Sonne zu scheinen. Wir befinden uns nun im sogenannten Warmsektor, dem Bereich zwischen einer abziehenden Warm- und einer näher rückenden Kaltfront. Der Luftdruck fällt nicht mehr, der Wind weht meist aus Südwest, es ist wärmer als an den Tagen zuvor.

Die Kaltfront

Ein Warmsektor ist jedoch eine vorübergehende Erscheinung, und von Anfang an steht fest, dass er nichts dagegen unternehmen kann, von einer Kaltfront in die Zange genommen, angehoben und schließlich verweht zu werden. Die Kaltfront ist nämlich schneller als die warme, denn sie schiebt sich vom Wind getrieben einfach unter die warme Luft und hebt diese mühelos, beinahe senkrecht an. Kein langes Aufgleiten, kein breites Hebungsgebiet. Entsprechend ist die Zone, an der an einer Kaltfront Wolken entstehen, erheblich schmaler, allerdings ist alles auch viel intensiver. Die Wolken bilden zehn bis zwölf Kilometer hohe Türme. Die starke Aufwärtsbewegung der Luft löst starke Niederschläge aus, Schnee, Hagel oder Regen, unter Umständen entwickeln sich auch Gewitter. Es plattert meist ordentlich an einer Kaltfront.

„Stabile" Kaltfront: Kalte Luft schiebt sich zunächst unter die warme.

Es gibt Situationen, bei denen durch sehr starke Höhenwinde die kalte Luft in den höheren Regionen schneller vorankommt als am Boden, die schwere Kaltluft sozusagen in die warme hineinfällt. Zuweilen entstehen so schon vor der Bodenfront oft linienförmig angeordnete Schauer oder Gewitter, ausgelöst durch eine deutliche Labilisierung der Luftmasse, der Zunahme der Temperaturunterschiede zwischen unten und oben. Diese großen Unterschiede ändern sich auch nach dem Frontdurchgang nicht, denn nun fließt in allen Höhenlagen kalte Luft ein.

Manche Kaltfronten machen sich auch nur durch einzelne Schauer bemerkbar, die in Linien geordnet durchs Land ziehen. Hier bewegt sich ein Schneeschauer zwischen Hiddensee und Rügen südwärts.

höhenkalt

kalt

warm

Labile Kaltfront: Kaltluft setzt sich am Boden und in der Höhe fast gleichzeitig durch.

Es kommt zum „Aprilwetter". Die noch aus dem Winter stammende Kaltluft wird in dieser Phase vom Erdboden, der durch die schon stark gewordene Frühlingssonne aufgeheizt ist, von unten kräftig erwärmt, große Temperaturdifferenzen zwischen unten und oben entstehen – Grundvoraussetzung jeder Schauerbildung.

Besonders hier gibt es jedoch große Unterschiede zwischen dem Küstenwetter und dem im Binnenland. Fehlt die Erwärmung der Kalt-

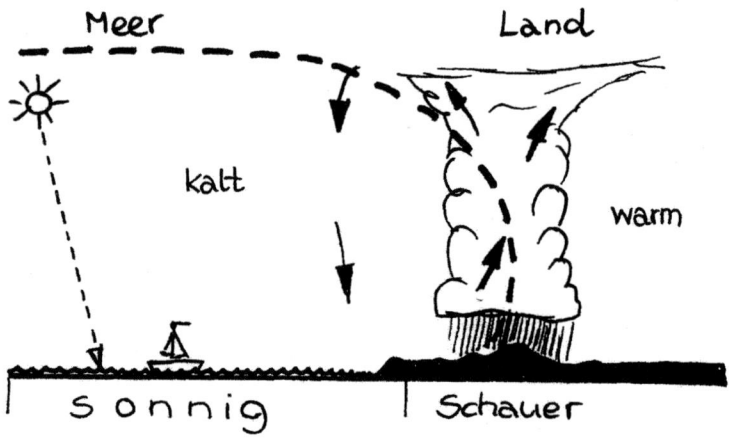

Meer

Land

kalt

warm

sonnig

Schauer

Eine Kaltfront überquert von See her die Küste.

luftmasse von unten, wird es nach dem Durchzug einer Kaltfront schlagartig sonnig, ohne dass neue Schauer folgen. Dies ist an Nord- und Ostsee jedes Jahr im Frühjahr der Fall, bedingt durch das noch kalte Wasser.

Weht die Kaltluft auf der Rückseite der Front über die See heran, findet keine Labilisierung statt, demnach auch keine Quellwolken- bildung.

Es sind diese Wetterlagen, welche bei vielen Verwunderung her- vorrufen, die nicht an der Küste zu Hause sind. Sie staunen über den raschen Wechsel, den das Wetter an der See vollziehen kann – eben noch gab es Sturzregen und dunkelgrauen Himmel, danach setzt nun plötzlich ungetrübter Sonnenschein ein und hält sich zumeist für Stunden.

Im Binnenland ist der Wettercharakter mit Kaltfrontdurchgang an- fangs noch ähnlich. Allerdings folgt dem kein stundenlanger unge- trübter Sonnenschein, sondern ein Übergang zu Aprilwetter, da sich ja das Land unter Sonneneinstrahlung erwärmt und die für Schauer notwendigen Temperaturunterschiede zwischen unten und oben ent- stehen.

Alles in allem sind sämtliche Wettererscheinungen aufgrund der Temperaturunterschiede auf engem Raum an einer Kaltfront intensi-

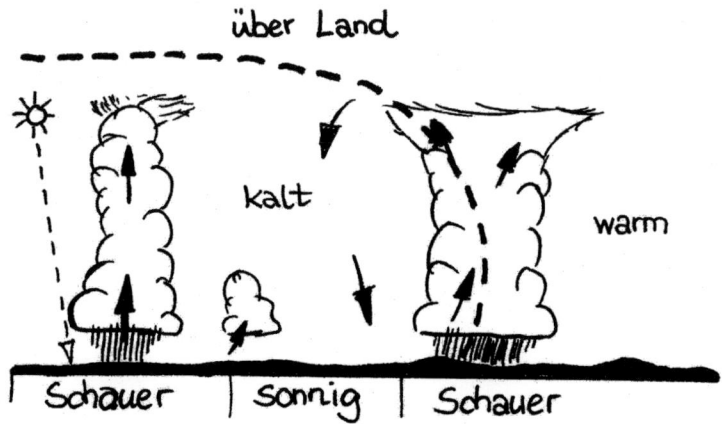

Eine Kaltfront mit Rückseitenwetter führt zu schnellem Wechsel zwischen Regen und Sonne.

Wenn über warmem Wasser nachts Schauer entstehen, zaubert die Sonne schon zu Tagesbeginn, gleich nach Sonnenaufgang, einen Regenbogen an den Himmel. Ein seltenes Schauspiel, die meisten Schauer gehen nachmittags nieder.

ver als an einer Warmfront, der Austausch von warmer Luft durch kalte findet oft mit viel Wind statt, die Schauer- und Gewitterböen sind ein typisches Merkmal eines Kaltfrontdurchgangs. Es gibt starke Aufwärtsbewegungen in der Front und starke Abwärtsbewegungen danach, das rasche Absinken der Luft sorgt für das sehr plötzliche Aufreißen der Bewölkung und einen kräftigen Luftdruckanstieg.

Mischfront: Kalte Luft wird von noch kälterer verdrängt.

Holt die Kalt- die Warmfront ein, entsteht übrigens eine Mischfront, die sogenannte Okklusion. Sie vereint die Erscheinungen beider Fronten.

Der Austausch der unterschiedlich temperierten Luftmassen kennzeichnet das Wetter in den gemäßigten Breiten. Folglich ist Wechselhaftigkeit ein Wesenszug unserer Witterung.

Eine typische Quellwolke über Land. Sie braucht warme Aufwinde, um so gedeihen zu können.

Wie die Sonne die Schafskälte macht

Was wir im Kleinen erleben, findet auch im Großen statt. Nicht jedes Jahr, aber oft gibt es Ende Mai, Anfang Juni eine erste große Hitzeperiode. Seit über fünf Monaten werden die Tage nun länger, die Nächte kürzer, mittags steigt die Sonne immer höher über den Südhorizont, jetzt – drei Wochen vor Sommerbeginn – nähert sie sich ihrem jährlichen Höchststand, steht nun genauso hoch am Himmel wie im Juli, dem Sommermonat schlechthin. Es gibt aber einen Unterschied zur Situation im Juli: Die Gewässer um Europa sind noch deutlich kälter, sie erwärmen sich erheblich langsamer als die Luft über dem Kontinent.

Schiebt sich zu dieser Zeit ein Hoch von Westeuropa in die Mitte des Kontinents, erleben wir Tage wunderbaren Sonnenscheins, der aufziehende Sommer ist nun allgegenwärtig, die Vorfreude groß. Oft endet so eine sommerliche Periode aber im zu Ende gehenden Frühjahr sehr abrupt, meist um die Mitte des Monats Juni. Woran liegt das?

Die Sonne ist schuld. Durch tagelangen Sonnenschein, bei uns in Norddeutschland an wolkenlosen Tagen 16 bis 17 Stunden, hat sich die Luft über dem Kontinent sehr stark aufgeheizt. Daher steigt sie über weiten Teilen Europas großflächig auf, von Frankreich über Deutschland bis nach Skandinavien. Warme Landmassen heben sich nun deutlich vom noch kühlen Wasser ab. Das ständige Aufsteigen der Luft führt zum raschen Abbau des Tage zuvor noch starken Hochdruckgebietes. Auf allen Barometern wird man einen fallenden Luftdruck feststellen, irgendwann kommt der Punkt, an dem er über den Gewässern stärker ist als über Land, die kalte Luft setzt sich vom Atlantik, der Norwegischen See oder dem Nordmeer in Bewegung und verdrängt die aufgeheizte, sommerliche. Das geschieht nicht auf breiter Front und überall gleichzeitig, vielmehr entstehen kleinere Tiefs, oft auch Gewittertiefs, die dann letztendlich die kühlere Meeresluft im Schlepptau haben. Nach und nach wird der Sommer noch einmal zurückgedrängt, unter Umständen erleben wir – wenn sich ein Tief über Mitteleuropa festsetzt – einen Dauerregentag bei wenig über 10 Grad, vor allem dann, wenn die Luft aus Nordwesten zu uns weht.

Eine sommerlich-heiße Witterungsperiode kurz vor Sommerbeginn ist also selten von Dauer, ein Kälterückfall eher die Regel als die Ausnahme, und dies seit Jahrhunderten. Ein Prozess, der unser Wetterjahr prägt und der sich ins Gedächtnis vieler Generationen prägte. Weil dieses Phänomen oft zu dem Zeitpunkt stattfand und stattfindet, wenn die frisch geschorenen Schafe dann frierend auf der Wiese stehen, ist diese Witterungsperiode als „Schafskälte" in den Wetterkalendern vermerkt. Jedoch: Manchmal fällt sie einfach aus oder wir erleben eine Dauerschafskälte und nur wenige Tage mit kleinen Zwischenhochs, wenn es eine Wetterlage gibt, die immer wieder kühle Nordwestwinde hervorruft.

Der Siebenschläfer

Die Geschichte des Siebenschläfers ist eine voller Missverständnisse. Das geht schon damit los, dass in zahlreichen Kalendern der 27. Juni als „Siebenschläfertag" bezeichnet wird und sich dieses Datum damit bei vielen Menschen Jahr für Jahr weiter ins Gedächtnis einbrennt. Wenn es überall steht, dann wird es wohl stimmen. Tut es aber nicht. Zumindest nicht ganz.

Es ist zwar richtig, dass der Siebenschläfer auf den 27. Juni fällt, aber nicht nach dem Gregorianischen Kalender! Dieser, benannt nach Papst Gregor XIII., ist seit dem 15. Oktober 1582 gültig. Zuvor galt bei uns der Julianische Kalender, und zwar bis zum 4. Oktober 1582, einem Donnerstag. Wo aber sind die Tage 5. bis 14. Oktober 1582 geblieben? Es gab sie nie. Auf Donnerstag den 4. folgte Freitag der 15. Die Wochentage führte man zwar fort, übersprang jedoch zum Ausgleich einer über Jahrhunderte angewachsenen fehlerhaften kalendarischen Verschiebung einfach zehn Tage. Diesem Umstand haben wir es zu verdanken, dass sämtliche sogenannte „Lostage" – also Tage, denen eine bestimmte Bedeutung zugesprochen wird – ebenfalls nach hinten verschoben wurden. Diese Reform setzte sich übrigens in den dutzenden Herrschaften auf dem Gebiet des heutigen Deutschlands nicht gleichzeitig durch. So konnte es sein, dass in einem Splitterstaat noch Weihnachten gefeiert wurde, nebenan hingegen das neue Jahr längst eingeläutet war. Daher rührt für die Zeit zwischen Weihnachten und Silvester auch die Bezeichnung „zwischen den Jahren", denn in der Phase unterschiedlicher Kalender brauchte man nur über die Grenze zu gehen und man wechselte zugleich in ein anderes Jahr.

Nun gilt der Gregorianische Kalender fast ein halbes Jahrtausend, und dennoch wurden die Lostage bis heute nicht der neuen Zählung angepasst. Richtig wäre es, den Siebenschläfer ebenfalls um zehn Tage nach hinten zu verschieben, auf den 7. Juli.

Allerdings würde diese Korrektur nichts daran ändern, dass es unsinnig ist, vom Wetter eines Tages auf das der kompletten folgenden sieben Wochen zu schließen. Das ergibt zu keinem Zeitpunkt des Jahres einen Sinn, dazu ist unser Wetter viel zu wechselhaft. So kann es auch während einer unbeständigen Witterungsperiode ein oder zwei sehr schöne Tage geben, wenn nun zufällig einer auf den Lostag fällt, kippt damit nicht gleich die ganze Wetterlage.

Umgekehrt gilt dies auch. Die klassischen Schönwetterlagen entstehen nicht immer nur durch ein einziges Hoch, welches sich wochenlang hält, sondern oft durch einen Wechsel von einem Hoch zum nächsten. Die Übergänge können sehr sanft sein, manchmal ändert sich einfach nur die Windrichtung, von Südost auf Nordwest, wenn ein Hoch nach Osten abzieht und aus Westen sich rasch das nächste nähert. Wir merken diesen Wechsel nur daran, dass es vorübergehend ein paar Quellwolken gibt und es nicht mehr so warm ist – nach unserem Empfinden aber weiterhin „schön". Gelegentlich dauert es allerdings auch einige Tage, bis nach Abzug eines Hochs ein neues kommt, dann ist der Übergang ausgeprägter, gibt es nicht nur bei deutlich kühleren Temperaturen Wolken, sondern auch noch Schauer, doch kurz danach kehrt mit einem neuen Hoch wieder sommerliche Wärme zurück.

Was, wenn diese kurze kühle Phase auf den Siebenschläfer fällt? Sollten wir verzweifeln, wenn es nun gerade an diesem Tage regnet, wo es doch eben noch so schön war? Es gibt keinen Grund dazu. Es kommt nicht auf diesen einzelnen Tag an, wichtig ist vielmehr die gesamte erste Dekade des Julis, die Wetterkonstellation in Europa und auf dem Atlantik im noch jungen Sommer. Hier lassen sich am ehesten gewisse Trends ablesen.

Das Hauptaugenmerk sollte man nach meiner Erfahrung der vergangenen 20 Jahre dabei auf den äußersten Norden und Nordosten des Kontinents legen. Etabliert sich nämlich zu Sommerbeginn ein Hoch um die russische Halbinsel Novaja Semlja, ist dies eher ein schlechtes Zeichen für den mitteleuropäischen Sommer. Dies umso mehr, wenn das Azorenhoch keine Anzeichen von Schwäche zeigt oder sich immer wieder in den Südwesten Europas ausweitet statt nach Mitteleuropa. Das allgegenwärtige Islandtief spielt dann für uns eine größere Rolle. Seine Ausläufer oder kleinen Randtiefs können am Nordrand des Azorenhochs in einer stetigen westlichen Luftströmung Richtung Kontinent ziehen. Dort treffen sie aber im hohen Norden auf eine Barriere, das Novaja-Semlja-Hoch, das sich gern bis in den Norden Skandinaviens oder sogar bis nach Grönland ausdehnt. Hier herrscht dann fantastisches Sommerwetter, Lappland und Nordnorwegen erleben sommerliche Tage mit über 25, zuweilen über 30 Grad Celsius, die Mitternachtssonne strahlt bei über 20 Grad. Wer diese Erfahrung einmal machen durfte, dürfte sie leicht als unnatürlich empfunden haben. Hochsommerwetter im Polargebiet, weil der östliche Wind am Südrand des Nordhochs die aufgeheizte Festlandsluft nach Westen weht, bis in den Norden Skandinaviens. Hier ist für die atlantischen Tiefs kein Durchkommen.

Stattdessen ziehen diese viel weiter südlich nach Osten, angetrieben durch die in unseren Breiten vorherrschende Westwinddrift. Nun stellt sich ihnen jedoch auch noch das südliche Skandinavische Gebirge in den Weg. So weichen sie über Jütland und die westliche Ostsee aus, um sich auf dem weiteren Weg über dem Kontinent langsam aufzulösen. Bei uns kommt aber noch genügend feuchte und verhältnismäßig kühle Meeresluft an, schön verrührt durch kleine Tiefdruckwirbel. Das Ergebnis ist ein sehr unbeständiger Sommer, während dem es immer wieder regnet, weil sich häufig verschiedene Luftmassen über unseren Köpfen vermischen.

Besonders ausgeprägt war diese Konstellation im Sommer 2011. Ein klassischer Fall: Trocken und sonnig war das Frühjahr, durch die immer wieder über Mitteleuropa ziehenden Hochs zuweilen schon sommerlich warm. Bis alles kippte und sich zu Sommerbeginn die soeben beschriebene Situation einstellte, sich im Nordwesten Russlands immer wieder hoher Luftdruck bildete. Dabei blieb es, und die Befürchtung, dass nach einem sommerlichen Frühjahr kaum ein entsprechender Sommer folgen kann, sollte sich bestätigen. Deshalb hielt sich meine Freude im Mai 2011, als es schon sehr schön war, in Grenzen. Ich genoss zwar das oft traumhafte Wetter gemeinsam mit meiner Familie, ahnte jedoch bereits, was kommen würde.

Rügen, Stralsund und Umgebung

Schlechtwetter-
Reiseführer

DAMIT SIE NICHT IM REGEN STEHEN!

HINSTORFF

Die Folgen mancher Regenperiode zur Ferienzeit zeigen sich auch in Buchform:
ein Reiseführer für Urlaubstage, die sich nicht in das Sonne- und Strand-Klischee
einordnen lassen.

Dass der Sommer allerdings so extrem wurde …

In der ersten Julidekade, also genau zur eigentlichen Siebenschlä-ferzeit, stellte sich eine Witterungsperiode ein, der man trotz ihrer Unbeständigkeit eine gewisse Stabilität nicht absprechen konnte: Der Regen kam im Wochenrhythmus, und zwar stets am Freitag und Sonnabend. Und nicht nur einfach Regen, sondern oft bildeten sich heftige Gewitter mit sogenannten Starkregenereignissen. Das Wasser stand nicht nur auf den Feldern, es lief von dort auch über Straßen und Wege, hinein in die Gräben, in die Bäche, in die Flüsse. Hoch-wasser an Peene und Recknitz, so stark, wie man es nie zuvor erlebt hatte. Kein Wunder, denn im Sommer 2011 – und dazu zählen in der Klimatologie die kompletten Monate Juni, Juli und August – fie-len besonders im Ostseeumfeld vielerorts weit über 400 Liter pro Quadratmeter. Spitzenreiter war Warnemünde mit den bereits ge-nannten 632 Litern Regenwasser auf jeden Quadratmeter, das ist eine Wassersäule von rund 63 Zentimetern Höhe. Zum Vergleich: Im ganzen Jahr fallen in der Region normalerweise knapp 600 Liter pro Quadratmeter.

Das Geschehen im Jahr 2011 könnte ein Indiz – kein Beweis – für einen Klimawandel sein. Immerhin lässt sich nicht von der Hand weisen, dass wärmere Meere mehr Wasser verdunsten und eine wär-mere Atmosphäre auch mehr Wasser aufnehmen kann. Klimaforscher haben berechnet, dass die sommerlichen Niederschläge an Nord- und Ostsee zunehmen können. Dies muss nicht heißen, dass es öfter regnet, es kann auch bedeuten, dass der Regen stärker, mehr Nie-derschlag in gleicher oder vielleicht sogar kürzerer Zeit fallen wird.

Wenden wir uns jedoch wieder ähnlichen Regeln zu wie der bereits widerlegten des Siebenschläfertages.

Gibt es eine Regel, die immer stimmt?

Natürlich gibt es Weisheiten, die immer stimmen, und damit meine ich nicht den abgedroschenen Spruch mit dem Hahn auf dem Mist, und dann würde sich das Wetter … Sie wissen schon. Eigene Untersuchungen haben hingegen ergeben, dass die folgende Feststellung einen großen Wahrheitsgehalt hat: Gewitter im Mai – April vorbei.

Natürlich wäre es schön, wenn es viele Wetterregeln gäbe, die immer zuträfen. Das Problem jedoch ist, dass das Wetter nur eine Form der Regelmäßigkeit kennt, die der kontinuierlichen Veränderung. So sind alle Beobachtungen der vergangenen Jahre, Jahrzehnte oder Jahrhunderte nichts weiter als das Registrieren des Gewesenen. Nur, weil es irgendwann mal so oder so gewesen ist, muss es nicht dauernd das Gleiche zur Folge haben. Würde es nach einem kalten Winter immer einen warmen Sommer geben, wären alle Jahre gleich, denn nach einem warmen Sommer folgt ja, glaubt man dem Volksmund, ein kalter Winter. Und nach dem kalten Winter ja wieder ein warmer Sommer usw. … Das Wetter als riesiges Hamsterrad, aus dem es kein Entrinnen gäbe. Selbst wenn man zur Erkenntnis käme, dass nach kalten Wintern in den letzten Jahren in sieben von zehn Fällen warme Sommer folgten, ließe sich dieses Wissen auf die Zukunft projizieren? Nein, es ist nur die Beschreibung dessen, was war. Vielleicht wäre es in den kommenden Jahren genau umgekehrt.

Sind Quellwolken eher breit als hoch, entsteht kein Schauer. Hier hat es eine Wolke jedoch geschafft, weit nach oben aufzustreben. Es zeigen sich erste Ansätze eines Ambosses – Zeichen einer Vereisung, die Niederschlag zur Folge haben könnte.

Der ständige Wechsel zwischen Phasen mit eher kalten Wintern oder eher warmen Sommern ist Folge von diversen „Schwingungen" innerhalb der Erdatmosphäre, die sich entweder gegenseitig verstärken oder auch aufheben können. Das macht Jahreszeitenvorhersagen so schwierig. Da seriösen Meteorologen dieses bewusst ist, wird man unter ihnen auch niemanden finden, der im Sommer eine detaillierte Prognose für den Herbst oder gar den Winter abgibt.

Wer es dennoch tut, hat sich meiner Meinung nach aus der Gruppe der Fachleute ausgeklinkt, um sich in die immer länger werdende Reihe von Wichtigtuern zu stellen. Letztere bedienen beispielsweise diverse Boulevardblätter mit ihren geistigen Ergüssen. Der traurige Zustand eines Großteils unserer Medien wird auch dadurch deutlich, dass dieselben Leute, die mit ihren sogenannten Prognosen zwangsläufig oft falsch liegen müssen, trotzdem in unschöner Regelmäßigkeit wieder befragt werden und ungeschoren weiter ihre „Erkenntnisse" verbreiten dürfen – wobei diverse Tricks zu beobachten sind: etwa den, die Vorhersage mit Banalitäten aufzublasen, mit Dingen, die mit sehr hoher Wahrscheinlichkeit eintreffen. So war im August 2011 zu lesen, dass es im Oktober ein Hoch nach dem anderen geben werde und Temperarturen von 15 bis 20 Grad Celsius, allerdings zur Monatsmitte der erste Frost zu erwarten sei. Mal davon abgesehen, dass nicht einmal ein Ort aufgeführt wurde, für den die Prognose gelten sollte, ist die Aussage, im Oktober seien mehrere Hochs zu erwarten, an Trivialität kaum zu überbieten. Denn es ist schlichtweg immer so, dass es innerhalb eines Monats mehr als nur ein Hoch gibt. Auch die 15 bis 20 Grad sind keine Vorhersage, denn in kaum einem Oktober der vergangenen Jahrhunderte gab es nicht irgendwo in Deutschland einmal 15 bis 20 Grad. Der Hinweis auf die ersten Fröste spiegelt nichts weiter als das klimatologische Mittel wider, im Durchschnitt aller Jahre gibt es Mitte Oktober die ersten Minustemperaturen: Deutschland ist groß, hat viele Berge und Täler, und irgendwo wird es mit Sicherheit Werte unter 0 Grad Celsius geben. Für den November wurde in der gleichen Prognose angekündigt, dass es Mitte des Monats die ersten Schneefälle bis ins Flachland gäbe. Na, Gratulation! Sie ahnen, wann derartiges Wettergeschehen im Durchschnitt im norddeutschen Tiefland eintritt: um den 15. November. Angereichert werden derartige Ausführungen mit nichtssagenden Bezeichnungen wie „Zick-Zack-Winter" oder „Zick-Zack-Sommer", ganz so, als ob das nicht der Normalfall in unseren Breiten wäre. Das ist bestenfalls schlechte Unterhaltung, hat mit Meteorologie oder Wettervorhersage höchstens am Rande etwas zu tun. Leider ist in den vergangenen Jahren zu beobachten, dass die Schwelle vom Boulevard zu Qualitätsmedien durchbrochen wurde und langfristige Vorhersagen sogar in diesen Kreisen Einzug halten.

Um keine Missverständnisse aufkommen zu lassen: Die Forschung im Bereich langfristiger Wettervorhersagen ist wichtig, steckt aber noch in den Kinderschuhen. Es gibt Versuche, es gibt Berechnungen, die Ergebnisse dieser Berechnungen ergeben jedoch keine detaillierten Prognosen, sondern zum Beispiel Hinweise auf die zu erwartende Luftdruckverteilung in der Nordhemisphäre. Daraus kann man u. a. den Betrag des oben beschriebenen NAO-Indexes ermitteln. Trends sind festzustellen, die aber viele Unsicherheiten in sich tragen. Ganz und gar unmöglich ist es, aus diesen groben Mustern gezielt Prognosen für bestimmte Regionen abzuleiten. Täte man dies doch, wäre es so, als vergrößerte man ein schlecht aufgelöstes Foto zu einem Poster – man kann es tun, es wäre aber sinnlos, denn das Bild würde angesichts der mageren Ursprungsdaten nicht genauer. Wer trotz solcher Voraussetzungen bei langfristigen Wetterprognosen den Eindruck von Genauigkeit weckt, der ist ein Gaukler, aber kein Meteorologe, den man ernst nehmen sollte. Wenn eine Zeitung diesen Hokuspokus druckt, ist sie ähnlich einzuordnen.

Das ist Wetter! Sturm und Wellen, Salz in der Luft. Die Ostsee ist meistens lieblich, hin und wieder aber auch sehr rau, liegt sie doch in den Breiten, in denen es regelmäßig stürmt.

Gefühlte Temperatur

Seit einigen Jahren wird so mancher Wetterbericht in Deutschland durch die Angabe der „gefühlten Temperatur" ergänzt. Manche sitzen nach einer derartigen Information – etwa dem Hinweis, dass die gefühlte Temperatur niedriger sein werde als die auf dem Thermometer ablesbare – eher irritiert da. Früher hieß es einfach: „Morgen wird es zwar um die 10 Grad, aber der Wind weht stramm und kalt." Da wusste man, dass man doch besser den Schal um seinen Hals wickeln sollte. Klar, 10 Grad fühlen sich bei Frühlingssonne ohne Wind anders an als bei Sonne plus Windstärke 8 aus Ost.

Unser Körper ist permanent damit beschäftigt, seine Temperatur bei 37 Grad zu halten, und er hat damit auch gut zu tun, denn ständig verlieren wir Wärme an die Umgebung. Wer in überfüllten Bussen oder Bahnen unterwegs ist, kann dies direkt erleben, viele menschliche Kraftwerke ohne Luftbewegung in geschlossenem Raum sparen zwar Heizkosten, doch im Unterschied zur Heizung geben sie nicht nur Wärme, sondern auch Feuchtigkeit ab und sorgen für ein wenig begrüßenswertes Raumklima. Diese Kombination aus Wärme- und Feuchtigkeitsabgabe spielt bei der gefühlten Temperatur eine große Rolle, wobei im Winter in erster Linie der Verlust von Wärme zu spüren ist, laufen wir doch nur mit einem hauchdünnen Wärmepolster durch die kalte Luft. Unter der Kleidung wird dieses Polster gehalten, es weht nicht weg, uns ist wohlig warm. Anders beim Gesicht, das in der Regel unbedeckt ist: Das kleine, zarte Warmluftpolster ist dem Wind ausgesetzt, der es permanent verweht. Die kalte Luft trifft so direkt auf unsere Haut, und das lässt uns frieren. Gibt es keinen Wind, bleibt das Wärmepolster bestehen. Je nach Windstärke fühlen

Die Kälte ist hier beinahe sichtbar: Raureif an den Bäumen, eine dunstige Schicht über dem Schnee. Zeichen einen Kaltlufthaut, in der es trotz Sonne weit unter minus 10 Grad Celsius kalt ist. Sie fühlt sich aber in Ermangelung von Wind nicht kälter an, als sie ist.

sich dann zuweilen 5 Grad Celsius wie 0 Grad an. In diesem Sinne kann die Angabe der gefühlten Temperatur durchaus eine brauchbare Information sein. Wobei noch einmal betont sei: Der Wind ist nicht kalt, sondern er fühlt sich nur kalt an.

Im Sommer sind die Vorzeichen umgekehrt: Vor allem an heißen Tagen ist ein kühlender Luftzug eher gewünscht, als dass er unangenehm wäre, kann er doch dazu führen, dass die eigentliche Temperatur nicht mehr als so hoch empfunden wird, wie sie etwa die Thermometer angeben.

Wichtig ist im Sommer der Hinweis, dass es „drückend" wird oder „schwül", was beides dasselbe ist. Schwüle entsteht bei einer Kombination aus hoher Temperatur und hoher Luftfeuchtigkeit. Letztere bedeutet: Es ist schon viel Wasserdampf in der Luft. So ist diese nicht mehr gewillt und in der Lage, weitere Feuchtigkeit aufzunehmen, der Schweiß bleibt auf unserer Haut und in unserer Kleidung. Schweiß hat aber die Funktion, durch seine Verdunstung die Haut abzukühlen, denn bei jeder Verdunstung wird Wärme verbraucht, was wir als Kühle spüren. Tritt dieser Effekt nicht ein, weil nichts oder nur wenig verdunsten kann, empfinden wir einen Tag mit 30 Grad und hoher Luftfeuchtigkeit als „drückend" und viel weniger angenehm als einen gleich heißen Tag mit trockener Luft.

Wann wird das gesendet?
Mein Arbeitstag auf Hiddensee

Bei allem, was ich an einem Arbeitstag so mache, gibt es doch zwei-fellos einen Höhepunkt: die Aufzeichnung des Wetterberichtes für das NDR-Nordmagazin draußen in der frischen Luft. Das gesamte über den Tag angesammelte Wissen strebt auf diesen Punkt zu, auch wenn ich nicht pausenlos darüber sinniere, was ich denn heute Abend alles so fürs Fernsehen erzählen möchte. Stehe ich dann tat-sächlich vor der Kamera, denke ich allerdings schon darüber nach, was ich in den letzten Stunden während der verschiedenen Wetter-gespräche für NDR 1 Radio M-V gesagt beziehungsweise in den Wet-terberichten geschrieben habe. Die Gedanken zum Thema fließen schließlich schon den ganzen Tag durchs Hirn, mein Blutbild ist einer Wetterkarte zum Verwechseln ähnlich.

Damit ist eine Frage schon beantwortet, die mir unzählige Male gestellt wurde, wenn man mich bei meinen Aufnahmen fürs Fernse-hen entdeckt: „Lernen Sie das alles vorher auswendig?" Nein, möchte ich entgegnen, das mache ich immer erst hinterher. Ich hätte gar keine Zeit, den Text zu proben, würde ihn sowieso wieder verges-sen. Zudem würden die Zuschauer mir womöglich weniger glauben, leierte ich meine Prognose auf unnatürliche Weise herunter. Wenn ich nach elf Stunden Dienst und damit Nachdenken über das Wetter noch immer nicht wüsste, was ich sagen sollte, dann wäre ich wohl fehl am Platze.

Da ich gerade bei den Fragen der Leute bin, die mich beim Mode-rieren im Freien entdecken: Das ist ein Kapitel für sich, und deshalb erhält es auch in diesem Buch einen solchen Status. Es gibt Dinge, die würde ich am liebsten auf große Plakate schreiben und dann während der Fernsehaufnahme auf Aufstellern um den Ort des Geschehens herum platzieren, gut lesbar für alle Neugierigen. Darauf stünden Antworten auf all die Fragen, die ich immer wieder gestellt bekomme und die ich bisher stets mit einem gewissen Maß an Selbstbeherrschung nach Möglichkeit freundlich zu klären versucht habe. Die Freundlichkeit gelingt mir nicht immer, was allerdings fast nie an den Fragestellern liegt, denn diese sind in der Regel zuvorkommend.

Ursache ist eher die Situation: Ich bin nämlich, auch wenn alles auf einer Urlaubsinsel stattfindet, bei der Arbeit. Das Aufstellen der Kamera als solches ist kinderleicht und hunderte Mal gemacht: Stativ aufbauen und Kameraaufsatz auf die fest eingebuddelten Beine schrauben, Kamera und störende Windgeräusche absorbierendes Puschelmikro aus dem Rucksack holen, Kamera aufs Stativ – klick –, Kamera einstöpseln – klick – und fertig. Kamera einschalten, ein anderes Stativ davor positionieren, dorthin, wo ich mich später hinstellen werde, und das Objektiv auf dieses scharf stellen, damit ich nicht verschwommen zu sehen bin, den Rest erledigt die Kamera, Blende und Weißabgleich mal automatisch, mal von Hand. Immer die gleichen Handgriffe.

Und doch ist etwas anders, jeden Tag: das Wetter! Folglich variieren auch die Gedanken, die mir durch den Kopf gehen, sozusagen die Rohversion der Moderation, die ich gleich aufzeichnen werde. Während alle Handgriffe routiniert ablaufen, sieht es im Kopf noch ungeordnet aus. Wie warm war es heute? Wo nochmal hat es so viel gegossen? Was wolltest Du im Fernsehen sagen, das Du heute im Radio vergessen hast oder das dort nicht reinpasste? Je näher das Rotlicht der Kamera rückt, umso geordneter werden die Gedanken. Dann Kamera an – Aufnahmelampe leuchtet rot – für die Regie am Anfang der Hinweis, welches Datum heute ist – und los geht es. In 90 Sekunden wird das Wetter eines ganzen Landes gepackt, das zurückliegende, das gegenwärtige, das der kommenden Nacht, von morgen und die folgenden vier Tage. Am Ende kommt eine Zusammenfassung all dessen heraus, was mir über elf Stunden durch den Kopf gegangen ist, ergänzt mit dem allerneuesten Wissen der

Die Wetterkarte ist nach stundenlanger Arbeit nicht nur auf dem Schirm, sondern zugleich im Kopf abgespeichert — Voraussetzung dafür, dass mir vor der Kamera auch etwas einfällt.

Um den Vollmond ranken sich viele Geschichten. Er ist, was seinen Einfluss auf das Wetter angeht, mindestens so harmlos, wie es die Kondensstreifen sind, durch die er hier scheint. Der Spruch „Bei Vollmond ändert sich das Wetter" ist eine der bekanntesten Weisheiten, aber leider ein Märchen. Das Wetter ändert sich auf der ganzen Welt stets und ständig, Vollmond ist überall in der gleichen Nacht. Irgendwo wird es so natürlich auch in dieser Nacht zu einem Wetterumschwung kommen, in den 27 Nächten dazwischen passiert dieses aber auch.

frischesten Wetterkarten, die ich kurz vor der Moderation noch angeschaut habe.

Es dürfte nachvollziehbar sein, dass der Kopf dabei für die Fragen der Passanten nicht frei ist. Niemand wird bei der Arbeit gern gestört, so dass er den Faden verliert. Daher bitte ich um Verständnis, wenn die Antworten eher knapp, zuweilen rau ausfallen, ich kurz angebunden wirke.

Es gibt zwei Lager neugieriger Passanten: Die einen kennen das Nordmagazin und mich, die anderen hingegen nicht, sie kommen aus Ländern jenseits des mecklenburgischen oder vorpommerschen Horizontes und wundern sich nur, wieso da einer mutterseelenallein in der Botanik steht, in ein großes Stofftier sabbelt und sich dabei filmt.

So ist auch eine Begebenheit zu erklären, die ich ziemlich am Anfang meiner Hiddensee-Zeit erlebt habe. Folgende Szenerie: Winter, es ist früher Abend, nass-kalt. Ich stehe oberhalb der Kliffkante, umgeben von stockfinsterer Dunkelheit, nur die Leuchtfinger des Leuchtturms streichen über die Wipfel der Bäume am Rande des Dornbuschwaldes und verlieren sich im Dunst 100 Meter über der Ostsee, deren Brandung dafür sorgt, dass nicht völlige Stille herrscht. Auch ich durchbreche die Ruhe mit meiner Moderation fürs Nordmagazin, und ich bin der einzig erleuchtete – oder sagen wir besser: beleuchtete – Punkt des Hochlandes, von den Leuchtturmstrahlen mal abgesehen. Ich werde von einem kleinen Scheinwerfer erfasst, der auf der Kamera montiert ist, habe mein Mikro in der Hand und erzähle. Sehen tue ich gar nichts, auch die Kamera nicht – wenn man in völliger Dunkelheit in eine Lichtquelle starrt, ist man eigentlich blind. Ich spreche also meinen Text herunter, bin fertig und denke kurz nach, ob alles so in Ordnung war. Das Meer rauscht währenddessen friedlich. Plötzlich spüre ich auf meiner linken Schulter eine Hand. Vor Schreck zusammenzuckend schaue ich nach links – niemand ist zu sehen, ich bin noch blind vom Scheinwerfer, in den ich zuvor zwei Minuten geschaut habe. Bald jedoch erkenne ich etwas: einen älteren Herrn. Noch bevor ich etwas sagen kann, fragt er höflich: „Was machen Sie hier eigentlich?" Worauf ich zunächst mitteile, dass ich mich gerade ziemlich erschrocken habe, was er bedauert, ehe er nach meiner Antwort, ich zeichnete für den NDR den Wetterbericht auf, die Bemerkung nachschiebt: „Ach so, und ich dachte schon, Sie sagen hier Gedichte auf." Und geht.

Ich blieb ratlos stehen und beschloss, dass ich sofort einen Arzt konsultieren müsste, sollte es den Tag geben, an dem ich mein Heim verlassen, in die Dunkelheit fliehen und mich selbst anleuchtend an die Kliffkante des Hochlandes von Hiddensee stellen würde, um Gedichte in die Nacht hinein aufzusagen.

Die Episode am nasskalten Abend steht für eine der ungewöhnlichsten Begegnungen mit einem Vertreter aus dem Lager derjenigen, die das Nordmagazin offensichtlich nicht kennen. Häufiger entwickelt sich folgender kurzer Dialog:

Frage: Wann wird das gesendet?
Antwort: Um kurz vor 20 Uhr.
Frage: Und wo?
Antwort: Im NDR-Fernsehen.
Frage: Hier im MDR?
Antwort: Im EnnnnnDR.
Frage: Und wo da?
Antwort: Im Nordmagazin, läuft jeden Tag von 19.30 bis 20 Uhr, und da kurz vor Schluss der Sendung.

Dagegen, dass ich dutzende Male im Jahr – in der Saison beinahe täglich – derartige Dialoge führen muss, ist wenig einzuwenden. Wenn, ja wenn danach nicht noch folgende Bemerkung kommen würde – Achtung: „Ja, wir gucken das ja jeden Tag und sind ganz begeistert, wenn Sie oder Ihre Kollegen hier stehen." Also entweder sind die Fernsehprogramme, und hier vor allem die Regionalprogramme, sich so zum Verwechseln ähnlich, dass man nicht mehr weiß, welchen Sender man gerade schaut, oder sie sind derart interessant, dass man völlig die Zeit vergisst. Oder ist die letzte Aussage eine reine Höflichkeit. Ich weiß es nicht.

Bildnachweis

Britt / pixelio.de: Seite 51

Enrico Eisert, Hinstorff Verlag GmbH: Titel; Seiten 8, 45, 100, 103, 110

S. Gaul / pixelio.de: Seite 22

Thomas Grundner: Seite 38

Harry Hardenberg: Seiten 62, 65, 67

Hinstorff Verlag GmbH: Seite 90

independend-c / pixelio.de: Seite 40

Stefan Kreibohm: Seiten 4, 6, 13 (oben und unten), 16, 19, 23, 24, 26, 31, 33 (oben und unten), 34, (oben und unten), 35, (oben und unten), 41, 56, 59, 69 (oben und unten), 70, 72, 74, 76, 78, 79, 80 (oben und unten), 81, 82, 83, 84, 92, 96, 98, 104, 108

MkJune / pixelio.de: Seite 47

R. B. / pixelio.de: Seite 107

Hans Rudolf Schneider / pixelio.de: Seite 10

Katrin Schulze / pixelio.de: Seite 29

Marcus Stark / pixelio.de: Seite 52

Stefan Kreibohm, geboren 1970 in Parchim und dort auch aufgewachsen, wurde zum technischen Assistenten für Meteorologie ausgebildet. Nach der deutschen Vereinigung arbeitete er u. a. als Wetterbeobachter an den Wetterstationen Neuruppin und Marnitz sowie als Wetterdiensttechniker am Meteorologischen Institut der Freien Universität Berlin. Seit 1998 liefert er von der Insel Hiddensee aus für das Fernsehen und den Hörfunk Wettervorhersagen, u. a. für den NDR, Radio Bremen und den SR. Stefan Kreibohm lebt, wenn er nicht auf Hiddensee arbeitet, auf der Insel Rügen.

Autor und Verlag danken dem NDR Landesfunkhaus
Mecklenburg-Vorpommern für die Unterstützung des Projektes.

Akuelle Informationen zum Wetter finden Sie immer unter ...
www.unwetterzentrale.de
www.meteomedia.de

Die Deutsche Bibliothek verzeichnet diese Publikation in der Deutschen Nationalbibliografie; detaillierte bibliografische Daten sind
im Internet über http://dnb.ddb.de abrufbar.

© Hinstorff Verlag GmbH, Rostock 2012
Lagerstraße 7, 18055 Rostock
Tel.: 0381/4969-0
www.hinstorff.de

3. Auflage 2012

Herstellung: Hinstorff Verlag GmbH
Lektor: Thomas Gallien
Druck und Bindung: freiburger graphische betriebe GmbH & Co KG
Printed in Germany
ISBN: 978-3-356-01542-3